室内设计实用教程 理想·宅 编

室内装修工程施工

Interior decoration engineering construction

中国电力出版社
CHINA ELECTRIC POWER PRESS

内容提要

本书是一本实用性很强的装修工程施工百科式图书，内容丰富涵盖全面。本书梳理了室内装修工程的施工流程，按照流程顺序讲解施工的不同项目，全书分为室内装修施工流程、基础改造与水电改造、隔墙与吊顶施工、涂饰施工、铺装施工、安装施工、装修验收七章。系统地介绍了不同施工项目中不同工法的分步详解、施工要点以及注意事项等，通过图文结合的形式更加形象地进行解析。

本书可作为室内设计与施工初级人员的参考书，也可作为相关专业人员的培训教材及参考指导用书。

图书在版编目（CIP）数据

室内装修工程施工 / 理想·宅编 . — 北京：中国电力
出版社，2021.1
室内设计实用教程
ISBN 978-7-5198-4781-4

Ⅰ.①室… Ⅱ.①理… Ⅲ.①住宅－室内装修－工程
施工－教材 Ⅳ.① TU767

中国版本图书馆 CIP 数据核字（2020）第 119677 号

出版发行：中国电力出版社
地　　址：北京市东城区北京站西街 19 号（邮政编码 100005）
网　　址：http://www.cepp.sgcc.com.cn
责任编辑：曹　巍（010-63412609）
责任校对：黄　蓓　马　宁
装帧设计：理想·宅
责任印制：杨晓东

印　　刷：北京瑞禾彩色印刷有限公司
版　　次：2021 年 1 月第一版
印　　次：2021 年 1 月北京第一次印刷
开　　本：710 毫米 ×1000 毫米　16 开本
印　　张：14
字　　数：285 千字
定　　价：78.00 元

前言

FOREWORD

人们对高品质生活的追求，促使着室内装修行业不断发展，而装修施工则是行业中很重要的一个环节。室内装修施工的门槛较低，但是要真正做到尽善尽美，仍需要掌握一定的专业知识和实践经验。本书可以帮助读者梳理施工流程，建立专业知识框架，从理论和实践两方面为读者提供实际的帮助。

本书由"理想·宅 Ideal Home"倾力打造，是一本实用性很强的室内装修工程施工百科式图书。室内装修施工项目较多，本书先介绍施工的基础知识，再根据施工流程顺序，即基础改造与水电改造、隔墙与吊顶施工、涂饰施工、铺装施工、安装施工以及装修验收，来讲解不同施工项目，分步讲解施工要点，运用大量的现场图片，帮助读者把握项目中的核心环节，以此增加读者对施工的理解，更好地进行施工。

本书在编写过程中力求做到资料翔实、科学严谨，但难免有不足之处，敬请广大读者指正，我们会进一步补充和改正。

编　者

2020 年 10 月

目录

CONTENTS

第六章

安装施工   137

第一章
室内装修施工流程

本章介绍室内装修施工的流程及工种的进场顺序，对比家装和公装的施工流程，找出两者之间的共同点和不同点并加以阐述，让设计师能更好地掌握施工的知识。

第一节
了解室内施工流程

一、施工流程表

　　家装与公装相比，同等面积下，家装的装修周期更长，施工的内容中细节较多，施工的注意事项跟公装相比也多一些，但总体上的施工流程是大致相同的。而公装与家装相比，有时会增加一些更加个性化的非常规施工工艺，这些施工有时会穿插在施工总流程中。

家装施工流程

完成设计图纸

● 包括平面图、天花图等整套施工图的确认。

装修审批

● 将施工图交由物业确认施工内容，确保施工内容的合理性，解决场地的水、电和清洁问题。并申报装修，在规定时间内进行装修。

签订装修合同

● 确认甲方、施工方、设计方（若该设计公司包含设计和施工两项业务则只需甲方和公司双方即可）的责任条款和付款等问题，避免产生纠纷。

选定装修季节和施工承包方式

● 季节对装修有一定的影响，要和施工承包方沟通选定承包方式和装修时间。

设计师交底（需每隔 3~5 天进行检查）

● 甲方可以要求设计师和施工队的项目管理人员进行沟通、交底，避免出现实际施工与设计图纸不一致的情况。

墙体拆改

● 对原有的部分建筑结构进行拆除（注意承重墙不可拆除）。

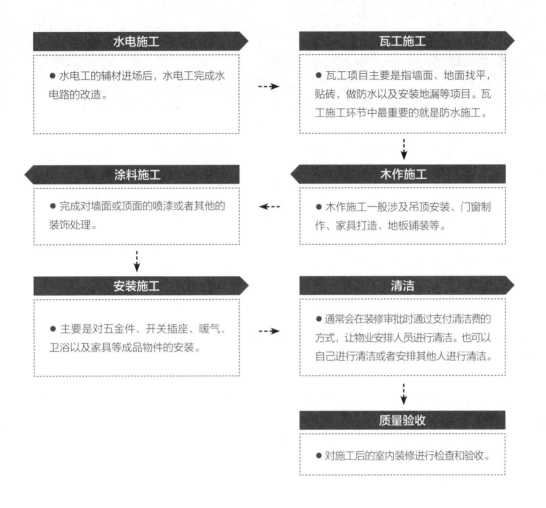

水电施工
- 水电工的辅材进场后，水电工完成水电路的改造。

瓦工施工
- 瓦工项目主要是指墙面、地面找平，贴砖，做防水以及安装地漏等项目。瓦工施工环节中最重要的就是防水施工。

涂料施工
- 完成对墙面或顶面的喷漆或者其他的装饰处理。

木作施工
- 木作施工一般涉及吊顶安装、门窗制作、家具打造、地板铺装等。

安装施工
- 主要是对五金件、开关插座、暖气、卫浴以及家具等成品物件的安装。

清洁
- 通常会在装修审批时通过支付清洁费的方式，让物业安排人员进行清洁。也可以自己进行清洁或者安排其他人进行清洁。

质量验收
- 对施工后的室内装修进行检查和验收。

二、工种进场顺序

虽说工种基本是按施工项目流程进场的，但是实际过程中也有例外，例如瓦工会二次进场，装修工种进场的基本次序为：瓦工（负责拆墙砌墙，是小工）→水电工→ 瓦工（负责贴砖，是大工）→ 木工→漆工→水电工。

要注意不同工种人员进场前，其施工项目所需的材料要先行一步进场并完成材料的验收，且在该工种所负责的项目进行过程中及完成后都需要对其施工内容进行验收，保证责任到人。实际上这些工种的工作之间存在着交叉，因此在实际装修过程中需要注意协调，但是大致应该遵守这样的次序。

公装较家装而言，形式会更加多样，材料的选择也会更多，这也就是公装的施工工艺会比家装要复杂得多的原因。但是近几年来，许多设计师会将一些公装的工艺运用到家装工程当中，进而使得居住空间的形式更加多样化。

第二节
室内施工流程详解

一、装修审批

在不同的建筑中装修的审批流程也是稍有不同的，这需要甲方和施工方的相互配合。

❶ 房屋装修的审批

根据住建部《家庭居室装饰装修管理试行办法》规定：房屋所有人、使用人对房屋进行装修之前，应当到房屋基层管理单位登记备案，到所在地街道办事处城管科办理开工审批。凡涉及拆改主体结构和明显加大荷载的要经房管人员与装修户共同到房屋鉴定部门申办批准。

（1）房屋装修的申报

① 住宅装修：在进行室内装饰装修前，应向住宅所在地的物业管理单位及城建监察中队进行申报登记。

② 非住宅（营业房）装修：在装修前应携有关材料前往城建监察中队办理《房屋装修许可单》。

③ 工程投资额在 30 万元以上且建筑面积在 300 平方米以上的房屋装修：建设单位应在开工前携有关材料前往城建监察中队申领《建筑工程施工许可证》。

（2）房屋装修申报提交材料

① 房屋装修申请表；

② 房屋所有权证，对于房屋使用人提出申请，还应提交所有权人同意装修的证明；

③ 申请人和产权人身份证复印件；

④ 房屋租赁的，应提交租赁合同；

⑤ 装修的房屋涉及改变房屋结构或明显加大荷载的，应提交房屋设计单位的设计图纸或专业部门对房屋整体安全论证结论；

⑥ 外立面装饰、装修应到规划部门办理规划许可证。

（3）若是工程投资额在 30 万元以上且建筑面积在 300 平方米以上的房屋装修，则要提交以下材料

① 《建筑工程施工许可证申请表》；

②《工程规划许可证》；

③《建设工程用地许可证》；

④ 工程中标通知书；

⑤ 有效的施工合同；

⑥ 建设工程质量、安全监督手续；

⑦ 按照规定应该委托监理的工程项目，提交监理委托合同；

⑧ 工程资金证明或银行保函；

⑨ 法律、行政法规规定的其他条件。

❷ 办公楼的装修审批

（1）房屋的产权证明，非甲方需出具租赁合同。

（2）聘请的装饰装修施工队资质证明、项目负责人身份证、营业执照等复印件。如属简单装饰装修，必须由甲方出具装饰装修担保书，但可不提供资质证明等资料。

（3）施工方案、施工平面图、各立面图、水电施工图等资料。

（4）提供的资料送达管理处审查后，由甲方或甲方授权人填写《装修工程申报表》。

（5）《装修工程申请表》及施工资料交由物业工程部技术人员审核通过后，由相关负责人审批，同意后装修。

（6）经审批同意后，装修施工负责人与物业签订《装修责任书》。

（7）装修管理保证金（一般情况下，物业装修管理保证金按每平方米 10 元向管理处缴纳，装饰装修竣工并经验收合格 1 个月后，无任何工程遗留问题，保证金可全额退还）。

（8）物业管理处开出《装修开工单》《装修责任牌》，施工单位办理施工人员《临时出入证》后可进行施工。

小贴士

办公楼装修注意要点

① 在设计中注意：

吊顶、灯管的设计应简洁明快，并与整体风格相符。在入口区域放置比较高的绿色植物，可以作为区域天然屏风，室内区域也可以放置绿色植物。窗户装修应保证最佳采光为原则，风格简洁。

② 在工程中注意：

大多数写字楼装修时都要做隔断，如果隔断要做到顶部，就要进行烟感和喷淋的改动，而物业公司通常都要求甲方或者装修公司自行解决。如果这样的话就要找有相关资质的装饰公司，装饰公司按照规定还要到当地消防部门进行审批，审批时间通常为 10~15 天。

❸ 商业建筑的装修审批

（1）办理卫生许可（如有需要）。

（2）携带经甲方提供的消防数据及意见书和全套装修方案，到消防主管部门审批。

（3）乙方提供全套设计方案，装修公司营业执照及资质证书的复印件、消防部门审核意见书给予甲方审批。

（4）合格后填写《商铺装修审批及竣工验收表》。

（5）交纳装修保证金及装修垃圾清运费（装修验收合格后退装修保证金）。

（6）领取进场装修通知单及办理施工出入证。

（7）乙方所租单元设施设备检查、交验、通（关）水试验。

（8）开始进场进行装修（提交管道试压记录）。

二、装修时间

　　装修市场中也是有旺季、淡季之分的。一般来说，装修应该尽量避开夏季和冬季。夏天太潮，对于装修用的木材来说，含水率太高，后期干燥后，就容易变形。冬天气温太低，不利于涂料和水泥砂浆凝结，影响装修质量。因此，装修市场才有春、秋两次旺季之说，尤以春季装修为多。但如果甲方恰好夏天有空，也可以在夏季装修，只需要多注意材料一定要烘干后再用，勤通风，问题不大。冬季装修相对而言确实要少一些，尤其是北方，如果没有供暖，水管等都冻住了，根本没法装修。即使在适合装修的春季和秋季，也要注意一些细节问题，春季注意防潮，秋季气候比较干燥，木材如果放在通风口，过不了几天就干了，也容易变形。

❶ 不同季节的装修差异

　　（1）春季施工，最应引起注意的问题是防潮。如果防潮工作做得不好，后期就很容易发生木料变形、地板起翘、墙面出现裂缝等问题。春天潮热，刷上油漆后干得慢，而且油漆吸收空气中的水分后，会产生一层雾面，一般使用吹干剂，加快油漆风干的速度。春季施工还有许多应该注意的小细节，例如，选料时，乳胶漆、胶粘剂一定要选有弹性的；然后再加绑带，以免后期角线风干断裂；铺木地板时要先做好防水防潮处理。

　　（2）夏季高温且多雨潮湿，木材湿度较大，所以购买木质板材、木龙骨、实木线条时要注意材料的干燥度，尽量不要在下雨天或雨后一两天内购买木质材料；当空气湿度较高并使用油漆时，要在油漆内加入一些防白水，以防止漆膜发雾。在铺贴瓷砖、地砖以及处理墙面之前，不能让饰面底层过于干燥。在铺装实木地板时，要把握好分寸，为实木地板留下一定的伸缩空隙。

（3）秋季气候相对干燥，在装修时要注意防变形、干裂、收缩。壁纸和壁布在铺贴前一定要先放在水中浸透"补水"，然后再刷胶铺贴，让贴好壁纸和壁布的墙面自然阴干。不要将木材放置在通风处，要及时对木料进行封油处理。对于墙体裂缝，应等到墙内水分和外界气候适宜时，再进行修补。

（4）冬季气温低，所有"湿"性施工，必须注意保温，并且适当延长工序时间。冬季室内由于采暖或空调等原因高于室外温度，装修中购回的木工材料，特别是实木线条，在室温下会脱水收缩变形，在购买和施工时，要考虑这一因素。如室内要铺装实木地板，最好在施工前将木地板购回，并开包放置，以防止木地板因热胀起鼓发生变形。此外，冬季装修还要考虑材料搬运、气候干燥、通风不畅、尘土较重等诸多不利因素。

小贴士

雨季装修注意事项

① 正常情况下，板材的含水率既不能太高，也不能过低，在不计环境湿度的条件下，木材控制在 15% 的含水率为标准含水率。所以雨季购买板材时，要避开阴雨天，选择适当干燥的季节购进板材。

② 在墙面刮腻子之前，可用干布将潮湿水汽擦拭干净后再进行。

③ 当地砖铺贴完成后，因为天气较潮而使水泥凝固速度减慢，所以地砖铺贴完成后不能马上踩踏，须搭设跳板通行。

④ 由于雨季空气偏湿，而致使墙面和家具刷漆后不易干燥，此时要注意不能操之过急，必须等第一道漆干透了才能刷第二遍漆。同时工地有人时，应将所有门窗打开，保证及时通风透气。

⑤ 雨季材料易膨胀，一般要求门扇与门框之间的缝隙应小于 2mm，但黄梅季节时，这个缝就要比旱季多留一些。

⑥ 在防水涂料中加入一些防潮添加剂，以便减少潮气的吸取量，从而减小雨季带来的施工影响。

⑦ 一般而言，密度大、含油性大的木材防水效果较好，不容易吸潮，如重蚁木，菠萝格的稳定性也不错，如果在地板上贴一层防潮膜，就会有更好的防潮效果。

三、施工承包方式

对于设计师来讲，甲方有时会愿意将施工也承包给设计师所在的公司负责。由于个体情况不一样，选择的承包方式也会有所不同，设计师需要了解，各种施工承包方法的利弊，为甲方提出合理的建议。

施工承包方式	优点	缺点
包工包料（全包）：将购买装饰材料的工作委托给装修公司，由其统一报出装修所需要的费用和人工费用	节省甲方大量的时间和精力	（1）容易产生偷工减料现象； （2）装修公司在材料上有很大利润空间
包工包辅料（半包）：指甲方自备装修的主要材料，如地砖、涂料、壁纸、木地板、洁具等，由装修公司负责装修工程的施工和辅助材料（水泥、砂子、石灰等）的采购，甲方只要与装修公司结算人工费、机械使用费和辅助材料费即可	（1）相对省去部分时间和精力； （2）自己对主材的把握可以满足一部分"我的装修我做主"的心理； （3）避免装修公司利用主材获利	（1）辅料以次充好，偷工减料； （2）如果出现装修质量问题常归咎于甲方自购主材
包清工（清包）：指甲方自己购买材料，装修公司只负责施工	（1）将材料费用紧紧抓在自己手上，装修公司材料零利润；如果对材料熟悉，可以买到最优性价比产品； （2）极大满足"自己动手装修"的愿望	（1）耗费大量时间掌握材料知识； （2）容易买到假冒伪劣产品； （3）无休止砍价导致身心疲惫； （4）运输费用浪费； （5）对材料用量估计失误引起浪费； （6）工人是不会帮甲方省材料的； （7）装修质量问题可能全部归咎于材料

施工承包方式	优点	缺点
套餐：是一种按平方米计价的装修模式，即把装修主材（包括墙砖、地砖、地板、橱柜、洁具、门及门套、墙面漆、吊顶等）与基础装修组合在一起，同时把材料和人工都包含里面	（1）价格低，效率高，节省装修时间； （2）一站式服务，让甲方不再奔波	（1）很多套餐报价不能包含所有施工项目和装修材料，设计公司需要对套餐之外的装修项目另外收费，最终导致决算价大幅度高于套餐价； （2）看似名牌材料套餐，实际上用名牌里面的便宜低档材料，导致后期纠纷严重

四、签订装修合同

装修合同不论是对设计公司、装修公司，还是对甲方而言都是极为重要的，明确的条约能够帮助工程更顺利地进行。

❶ 装修合同的重点

（1）工期约定

在家装中，一般两居室 100m² 的房间，简单装修的话，工期在 35 天左右，装修公司为了保险，一般会把工期约定到 45~50 天。而公装中，面积一般都比较大，200m² 左右的区域，简单装修至少也要 40~50 天，而且设计的难易程度、空间的面积以及如弧形玻璃之类制作周期较长、有材料需要定制等问题共同决定了工期。如果着急入住，就要在签合同的时候和设计师商榷此条款。

（2）付款方式

装修款不宜一次性付清，最好能分成首期款、中期款和尾款三部分。

（3）增减项目

如果在工程进行中，对某些装修项目有所增减，就一定要填写相关的"工程洽商单"，并作为合同的附件汇入装修合同书中。

（4）保修条款

现在装修的整个过程主要还是以手工现场制作为主，没有实现全面工厂化，所以难免会有各种各样的细碎质量问题。保修时间内，装修公司应该担负的责任就尤为重要了。对于责任问题，装修公司是包工包料全部负责保修，还是只包工，不负责材料保修，或是还有其他制约条款，这些一定要在装修合同中写清楚。

（5）水电费用

装修过程中，现场施工都会用到水、电、燃气等。一般到工程结束，水电费加起来是一笔不小的数字，这笔费用由谁支付也应在合同中标明。

（6）按图施工

严格按照甲方签字认可的图纸施工，如果细节尺寸与设计图纸不符合，甲方可以要求返工。

（7）监理和质检到场时间和次数

一般的装修公司都将工程分给各个施工队来完成，派遣质检人员和监理是装修公司对他们最重要的监督手段，他们到场巡视的时间间隔，对工程的质量尤为重要。监理和质检人员，每隔 2 天应该到场一次。设计师也应该 3~5 天到场一次，检查现场施工结果与自己的设计是否相符合。

❷ 一般装修合同的内容条款

合同：包含合同各方的名称、工程概况、甲方的职责、施工方的职责、工期期限、质量及验收、工程价款及结算、材料的供应、安全施工和防火、奖励和违约责任、争议和纠纷处理、合同附件说明。

（1）工程概况是合同中的一部分，它包括工程名称、地点、承包范围、承包方式等方面的内容。

（2）双方的职责是分清楚双方的责任和事项，如甲方给施工方提供图纸或做法说明，腾出房屋并拆除影响施工的障碍物，提供施工所需的水、电等，办理施工所涉及的各种申请、批件等手续。

（3）施工方的职责具体包括：拟订施工方案和进度计划，严格按施工规范、防火安全规定、环境保护规定、环保要求规范、图纸或做法说明进行施工。做好质量检查记录、分阶段验收记录，编制工程结算，遵守政府有关部门对施工现场管理的规定。做好保卫、垃圾清理、消防等工作，处理好与周围住户的关系，负责现场的成品保护，指派驻工地管理人员，负责合同履行，按要求保质、保量、按期完成施工任务等。

（4）在合同中必须对材料供应做出规定。由甲方负责提供的材料，施工方应提前3天以上通知甲方，施工方应在工地现场检验、验收。验收后由施工方保管，保管不当造成的损失由施工方负责，当然也可以适当地支付一些保管费用。如施工方提供的材料不符合质量要求或规格有差异，则应禁止使用。

（5）在合同中应规定工程质量如何验收，以什么标准要明确，为了避免不必要的争端，规定一个验收标准是必不可少的。

（6）在合同里必须注明，在什么情况下允许推迟，在什么情况下不允许，如果推迟，每天的罚款多少必须注明。

（7）合同中还要规定双方违约责任、工程款及结算约定。必须严格按照双方约定的付款规定进行工程款的支付，在支付每一阶段的款项时，甲方都应该自己亲自计算一下工程量是否已经达到付款标准，而不能仅凭感觉就付款。一旦工程款支付超出工程进度而发生纠纷，就很难再对装修公司有所约束，还容易导致装修公司多收取费用以及态度不好的情况发生。

（8）在合同中也要规定纠纷处理方式，有第三方监理的可以先让第三方监理调解，如果调解不成，必须注明到什么机构进行协商、调解解决。有以下几种方式可以采用：向甲方协会请求帮助处理此事；向工商行政管理部门请求帮助处理此事；向仲裁机关提请仲裁；向当地的法院提起诉讼。

（9）在合同中必须注明保修内容和保修期限。

❸ 装修费用的付款比例

前期付款的比例一定要尽量压缩，最好执行3-3-3-1制，以掌握主动权，避免提前付费造成的被动。不少装修公司在合同中都有这样的条款：付款方式为，工程开始即付30%~70%，工程过半时付总价的95%，剩下的5%在全部工程完成验收后付清。很多装修公司往往利用这个条款在装修出现纠纷后一撤了之，留下半拉子工程让甲方束手无策。对于那些提早要中期款的装修公司，甲方就得注意其动机。

术语解释

工程过半 从字面上来理解，"工程过半"就是指装修工程进行了一半。但是在实际过程中往往很难将工程划分得非常准确，因此一般会用两种办法来定义"工程过半"：工期进行了一半，在没有增加项目的情况下，可认为工程过半；将工程中的木工活贴完饰面但还没有油漆（俗称木工收口）作为工程过半的标志。一般来说，甲方在装修时，应当在合同中明确"工程过半"的具体事项，以免因约定不清而影响装修费用的支付。

五、装修面积测算及材料用量计算

装修面积的测算及材料用量的计算必须准确，通常情况下，设计师在进行设计之前会要求甲方通过物业提供所在区域的平面图，然后到现场进行核图，即重新测量场地的尺寸与甲方给的图纸是否符合，最后一切尺寸都以现场为标准。当施工图完成后，装修团队也会拿着施工图再一次去现场核图，避免出现尺寸不符影响施工进度的情况。

① 装修面积测算

▲ 装修面积测算

（1）墙面面积计算

墙面（包括柱面）的装饰材料一般包括涂料、石材、墙砖、壁纸、软包、护墙板、踢脚线等。计算面积时，材料不同，计算方法也不同。涂料、壁纸、软包和护墙板的面积按长度乘以高度，单位以"m²"计算。长度按主墙面的净长计算；高度：无墙裙者从室内地面算至楼板底面，有墙裙者从墙裙顶点算至楼板底面；有顶棚的从室内地面（或墙裙顶点）算至顶棚下沿再加20cm。门、窗所占面积应扣除，但不扣除踢脚线、挂镜线、单个面积在0.3m²以内的孔洞面积和梁头与墙面交接的面积。镶贴石材和墙砖时，按实铺面积以"m²"计算，安装踢脚板面积按房屋内墙的净周长计算，单位为"m"。

（2）顶面面积计算

顶面（包括梁）的装饰材料一般包括涂料、吊顶、顶角线（装饰角花）及采光顶面等。顶面施工的面积均按墙与墙之间的净面积以"m²"计算，不扣除间壁墙、穿过顶面的柱、垛和附墙烟囱等所占面积。顶角线长度按房屋内墙的净周长以"m"计算。

（3）地面面积计算

地面的装饰材料一般包括木地板、地砖（或石材）、地毯、楼梯踏步及扶手等。地面面积按墙与墙间的净面积以"m²"计算，不扣除间壁墙、穿过地面的柱、垛和附墙烟囱等所占面积。楼梯踏步的面积按实际展开面积以"m²"计算，不扣除宽度在30cm以内的楼梯所占面积；楼梯扶手和栏杆的长度可按其全部水平投影长度（不包括墙内部分）乘以系数1.15以"延长米"计算。

（4）其他面积计算

其他栏杆及扶手长度直接按"延长米"计算。对家具的面积计算没有固定的要求，一般以各装修公司报价中的习惯做法为准：用"延长米""m²"或"项"为单位来统计。但需要注意的是，每种家具的计量单位应该保持一致，例如，做两个衣柜，不能出现一个以"m²"为计量单位，另一个则以"项"为计量单位的现象。

❷ 材料用料计算

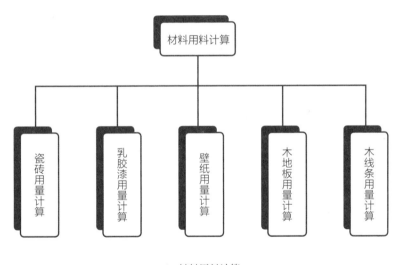

▲ 材料用料计算

（1）瓷砖用量计算

现在瓷砖价格差异很大，有些高档瓷砖动辄好几百元一块，质量中等的也要近百元一块，因此购买之前，精确地计算出全屋的瓷砖用量还是很有必要的。现在很多瓷砖经销商店里都有专门的换算图表，可根据房间的面积计算出所需的瓷砖用量。有些换算图表做得很方便，只要了解墙面的高度和宽度便可计算出瓷砖的用量。瓷砖在铺贴的时候，会有一定的损耗，损耗的多少跟房屋的规整度有很大的关系，在购买的时候必须要把这个考虑在内，一般损耗量在3%~5%即可。瓷砖在制造的过程中，不同批次的产品难免会有色泽和花色的细微变化。有些产品如果缺货，后期再加购，小批量的瓷砖也很难调货。所以在购买瓷砖的时候,要买同一批次的产品,最好一次性买足。此外,现在很多经销商都有退货服务,只要没有损坏和浸水,哪怕一块瓷砖也给退,因此在购买的时候,如果把握不准,也可以适当多算一点损耗量。虽然瓷砖用量的计算通常由施工方、瓷砖经销商计算,但是一般的计算公式还是要有所了解,便于核对。计算方法有两种,一种是按照长度计算,另一种是按照面积计算。

① 按照长度计算。

瓷砖用量 =(房间长度 ÷ 砖长)×(房间高度 ÷ 砖高)。例如一个房间长度为 4.5m、高度为 2.9m,采用 600mm×600mm 的墙砖,墙面瓷砖用量 =(4500÷600)×(2900÷600)≈ 8×5=40 块。加上 3% 的损耗,大约为 2 块。整面墙大约需要 42 块砖。

② 按照面积计算。

按照上例中的尺寸数据和损耗率,墙面用砖量为(4500×2900)÷(600×600)×1.03=37.3375 块,取整后,按照 38 块砖购买。因为瓷砖可以退,所以算出的数字都可以取整,在施工过程中,可以让师傅充分利用裁切下来的砖,保留整块瓷砖,方便后期退给经销商。考虑到实际施工中的损耗和裁砖操作,按照长度计算出来的瓷砖用量一般比较稳妥一些。

(2)乳胶漆用量计算

计算乳胶漆用量之前先要找经销商问清楚一桶漆能够刷多少面积,然后再对房屋面积进行换算。大多数乳胶漆都有底漆和面漆之分,在实际施工过程中,一般采用一底两面的施工工序,购买乳胶漆也需要按照底漆和面漆分开购买。知道了乳胶漆的涂刷面积之后,还需要确定房屋是否采用彩色乳胶漆。在经销商处调色的话,只能整桶调色,这可能就会造成一些浪费。如果让工人师傅现场用色浆来兑的话,虽然会减少一些浪费,不过色差可能稍微大一些。此外,一些颜色比较重的漆,只涂刷两遍是不够的,要刷三遍甚至四遍以上才行,这就对乳胶漆的用量有比较大的影响。了解完涂刷需求后,就需要计算涂刷面积了。计算的时候,分为快速估算和精确计算两种。

① 快速估算。

涂刷面积估算 = 房屋地面面积 ×(2.5 或者 3)。如果房屋的门、窗户比较多,可以取 2.5;如果门、窗户比较少,则适合取 3。

② 精确计算。

涂刷面积 = 房屋墙面积 + 顶面积 - 门窗面积。这种算法需要把房屋的墙面、顶面的长宽都测量出来,算出总面积,再扣掉门窗等不需要涂刷的面积。例如长 5.5m、宽 3.5m、高 2.8m 的房屋,假定其门窗面积为 6m^2,采用某品牌彩色乳胶漆,计算其需要的乳胶漆用量。

小贴士

乳胶漆实际用量估算小技巧

涂刷面积 = [（5.5+3.5）×2×2.8+5.5×3.5-6] m² = 63.65m²。

经询问经销商，该品牌乳胶漆底漆，5L 底漆大约能涂刷 70m²，则正好购买一桶底漆；一桶 5L 面漆刷两遍，大约能刷 30m²，在店内调色，则面漆选用两桶 5L 外略有不足，再加一桶 1L 装的面漆即可。另外，很多涂刷工人师傅对于不同乳胶漆的涂刷用量都有自己的经验值，在计算涂料用量的过程中，除了按照经销商提供的耗用量进行计算外，最好提前与涂刷工人师傅确认一下。

（3）壁纸用量计算

一般市面上常见壁纸规格为每卷长 10m，宽 0.53m。壁纸的用量计算分为粗略计算和精确计算两种：

① 粗略计算方法。

地面面积 ×3= 壁纸的总面积；壁纸的总面积 ÷（0.53×10）= 壁纸的卷数。或直接将房间的面积乘以 2.5，其乘积就是贴墙用料数。如 20 ㎡ 房间用料为 20m²×2.5=50m²。

② 精确的计算方法。

还有一个较为精确的公式：$S = (L/M + 1)(H + h) + C/M$。其中 S 为所需贴墙材料的长度（m）；L 为扣去窗、门等后四壁的总长度（m）；M 为贴墙材料的宽度（m），加 1 作为拼接花纹的余量；H 为所需贴墙材料的高度（m）；h 为贴墙材料上两个相同图案的距离（m）；C 为窗、门等上下所需贴墙的面积（m²）。

因为壁纸规格固定，因此在计算它的用量时，要注意壁纸的实际使用长度，通常要以房间的实际高度减去踢脚板以及顶线的高度。另外，房间的门、窗面积也要在使用的分量数中减去。这种计算方法适用于素色或细碎花的壁纸。壁纸的拼贴中要考虑对花的，图案越大，损耗越大，因此要比实际用量多买 10% 左右。

（4）木地板用量计算

现在木地板基本上都是由经销商负责安装，只要确定好房间需要铺设木地板的区域，测量出长、宽尺寸，挑选好自己心仪的地板后，经销商一般都会给出较为精确的用量。地板常见规格有 1200mm×190mm、800mm×121mm、1212mm× 295mm，损耗率一般在 5% 左右。

① 粗略计算方法。

地板的用量（m²）= 房间面积 + 房间面积 × 损耗率。例如，需铺设木地板房间的面积为 15m²，损耗率为 5%，那么木地板的用量（m²）=15m²+15m²×5%=15.75m²。

② 精确的计算方法。

（房间长度 ÷ 地板板长）×（房间宽度 ÷ 地板板宽）= 地板块数。例如，长 6m，宽 4m 的房间其用量的计算方法如下：房间长度 6m ÷ 地板长度 1.2m=5 块；房间宽度 4m ÷ 地板宽度 0.19m ≈ 21.05 块，取 21 块；用板总量为 5×21=105 块。装修中，没有使用过的完整木地板是可以退的。

（5）木线条用量计算

木线条的主材料即为木线条本身。核算时将各个面上木线条按品种规格分别计算。所谓按品种规格计算，即把木线条分为压角线、压边线和装饰线三类，同时又为分角线、半圆线、指甲线、凹凸线、波纹线等品种，每个品种有可能有不同的尺寸。计算时就是将相同品种和规格的木线条相加，再加上损耗量。一般线条宽度为 10~25mm 的小规格木线条，其损耗量为 5%~8%；宽度为 25~60mm 的大规格木线条，其损耗量为 3%~5%。对一些较大规格的圆弧木线条，因为需要定做或特别加工，所以一般都需单项列出其半径尺寸和数量。木线条的辅助材料，如用钉松来固定，每 100m 木线条需 0.5 盒，小规格木线条通常用 20mm 的钉枪钉。如果用普通铁钉（俗称 1 寸圆钉），每 100m 需 0.3kg 左右。木线条的粘贴用胶，一般为白乳胶、309 胶、立时得等。每 100m 木线条需用量为 0.4~0.8kg。

六、装修施工管理

家装和公装的施工管理根据需求都不太一样。在一些大规模的公司中可能是含有与工程相关的部门，公司可以直接派员工在施工现场进行监理。对于一些没有这类部门的公司和家庭装修的甲方来讲，花钱请一名装修监理可能是一个更好的选择。一般来讲，专业的施工团队都会在施工前给甲方一份施工进度表，方便管理施工人员，合理安排施工时间。负责监理的人员可以根据施工进度表来监督施工的进行情况。

❶ 装修监理的作用

装修监理对于甲方而言，是一种质量的保障。一般甲方都对材料、施工等方面不太

常见施工进度表

序号	任务名称	| 3月																														| 4月		
		1	2	3	4	5	6	7	8	9	10	11	12	13	14	15	16	17	18	19	20	21	22	23	24	25	26	27	28	29	30	31	1	2	3
1	准备工作	■	■																																
2	拆除部分			■	■																														
3	水电改造					■	■	■	■																										
4	上下水改造								■	■	■																								
5	泥瓦施工											■	■																						
6	厨卫墙面处理													■	■																				
7	厨卫防水															■	■																		
8	厨卫墙砖铺设																	■	■																
9	客厨卫地砖铺设																			■	■														
10	墙面基层处理																					■	■												
11	石膏板吊顶																						■	■											
12	厨房柜体制作																							■	■										
13	油漆施工																									■	■								
14	门窗现场安装																											■	■						
15	水电洁具安装																													■	■				
16	清理现场																															■	■		
17	自检与调试																																■		
18	保洁																																	■	
19	竣工及验收																																		■

了解，施工承包公司很有可能会在装修主材和辅材上以次充好，或者在装修过程中偷工减料。有监理人员在工程材料质量、施工质量等方面把关，节约了甲方大量的时间和精力。请了监理以后并非万事大吉，甲方一方面要经常同监理人员保持联系，另一方面在闲暇时到装修现场查看，有疑问的地方及时与监理人员沟通，有严重问题时要及时碰头，三方协商，及时整改。在隐蔽工程、分部分项工程及工程完工时，甲方应到装修现场会同验收，方可继续施工。在装修过程中，一旦发现监理人员工作有不负责任的地方，甲方可直接对监理人员提出警告，并根据合同予以惩罚。如果监理人员不接受，甲方可向监理公司反映，问题严重时必须要求监理公司将其调离岗位，重新委派监理人员上岗，并确保装修不受影响。

❷ 装修监理的工作内容

　　装修监理就是由专业监理人员组成，经政府审核批准、取得装饰监理资格，在装饰行业中起着质量监督管理作用的职能机构。装修监理作为独立、公正的第三方，在接受甲方的委托和授权后，会依据《住宅装饰装修验收标准》和甲方与装修公司签订的规范《装修合同》，为甲方提供预算审核、主材验收、质量控制、工期控制等一系列的技术性服务；并且在家装工程中替客户监督施工队的施工质量、用料、服务和保修等，防止装修公司和施工队的违规行为。

七、装修注意事项

　　装修根据新房和旧房的情况不同，其注意事项也不同，相对而言，旧房的装修注意事项更为烦琐一些。

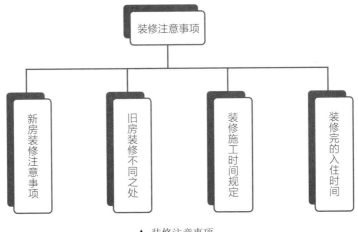

▲ 装修注意事项

❶ 新房装修注意事项

新房的装修对于甲方而言，更应该注意的是与设计公司或施工队之间的合同，明确其中的条款，防止被隐瞒欺骗。而对于设计师来讲，设计相对自由一些，施工中也会减少许多拆改的施工项目，施工时间也会相对减少。

▲ 新房装修

❷ 旧房装修不同之处

旧房装修的施工环境较为复杂，需要优先考虑对左邻右舍、楼上楼下的影响，不仅仅是施工时间、噪声和气味，还有建筑结构缺陷、电梯的使用、物料的运输和存储、垃圾的堆放和清运、水电施工对其他住户的影响等因素。

（1）设计要求更高

在家装中，以前的房子大多数属于较简单的居住房，没有考虑更多的方便性与舒适性，功能和设施也不够完善。在做旧房装修设计时要有效改善住宅的功能性，提高空间利用率，这无疑会对设计提出更高的要求。对公装而言，旧大楼大多是框架结构，承重柱较多而且无法拆除，如何美化柱子使其和空间融合或将柱子藏进墙里等，都对设计提出了更高的要求。

▲ 灵巧使用阁楼部分的空间，并利用横梁和柱子美化空间

（2）隐蔽工程难点多

家装中老小区的下水管多是铸铁管，常年被污水浸泡，有很多已经生锈或腐烂，受外力影响很容易引起漏水及堵塞。因此，装修时尽量不要去改变下水结构。其次，以前小区进线容量不够，经过一户一表改造，进线容量已经扩大，二次装修时必须把家中的配电箱的主进线全部更换。随着宽带网及数字电视的普及，弱电的改造也应势在必行。而公装中，旧楼中经常会有一些风管等裸露在外面的物体，设计师要隐藏这些影响空间美观的物体。

（3）功能的改造和完善

相比初次装修，旧房装修的设计更重视功能的改造和完善，在设计上要求更多，比如对空间结构的理解、新设计与原有装修的协调、风格的营造、空间家具的布置等都需要有较高要求。

（4）新设计与原装修的协调

只要涉及新的设计，必然会与原有的装修发生冲突，如何将这些不协调的感觉减到最低是在局部设计中必须考虑的问题，反差过大会让人感觉非常不舒服，从而导致最终装修效果不理想。

❸ 装修施工时间规定

（1）法律规定

对于装修时间，国家的法律只是给了一个纲要性的规定"在已竣工交付使用的住宅楼进行室内装修活动，应当限制作业时间，并采取其他有效措施，以减轻、避免对周围居民造成环境噪声污染。"（《中华人民共和国环境噪声污染防治法》），每个地方又根据自身的特点，结合这个法律规定出台了相关的细则，准备装修的甲方一定要事先了解一下，否则一时大意，不仅影响到邻里之间的和睦关系，还很有可能招来处罚。

（2）居住区规定

在居住区中，一般通行的装修时间规定：法定休息日和节假日全天及工作日 12 时至 14 时、18 时至次日 8 时，禁止在已竣工交付使用的居民住宅楼内进行产生噪声的装修作业。有的地方可能还会更细致，规定了作业时间是 8：00~12：00，14：00~18：00，但是拆墙这种噪声污染大的项目则是：8：30~11：30，14：30~17：30。除了有国家的法律和地方的法规，每个小区也会有自己的相应规定，因此在装修之前，一定要与物业管理人员确定好可以施工的时间段，避免引起不必要的纠纷。

▲ 装修不可扰民

（3）商业区规定

在一些写字楼或者公共建筑中，一般物业都会规定办公楼装修时间是晚上和周末，白天如果不影响到他人工作和休息也是允许的。通常白天装修只进行无声无味作业。装修单位可以在法定节假日及其他时间段施工，在不违反此管理规定时，允许进行非静音作业。如果装修单位需要在晚上进行施工，就必须先向管理处提出书面申请，待管理处审批后方可施工。此外，装修单位施工时，必须取得《装修施工许可证》，且将其复印件粘贴在室内或门上。同时《装修申请表》必须已获管理处书面批准。具体的装修时间可以跟物业和附近的公司进行协商。

❹ 装修完的入住时间

（1）公装的通风时间是不确定的。通风时间与空间的大小、装修所用的材料（包括施工用的胶水、板材等含有甲醛的材料）、家具的数量、季节等都有关系。甲醛等有害物质在短时间内无法完全挥发，只能尽量降低其浓度到人体健康允许的范围。一般来说公装空间在急需的情况下，通常会采用简单装修、采用环保材料、减少新的成品家具的购置等方式来减少空间的甲醛浓度，以方便空间的及时使用。通常比较大型的办公空间装修比较简单，家具也不算多，在材料全部都环保的情况下，通风时间比普通家装要短。

（2）相对来说，家装施工后需要通风时间较久，虽然家装的空间普遍要比公装小，可是一些含有害物质的材料和家具的运用并不少，并且居住空间是人们长时间活动的地方，多通风一段时间会更好。

① 通风半年再入住。一般来说，普通装修后的新房，在保持良好通风的情况下，要半年才能入住，若是通风情况较差，则应适当增加通风时间。虽然通风有助于甲醛、苯等有害物质的释放，但是，甲醛的释放期在 5 年以上，有的长达 15 年，苯系物的释放期也在 6 个月到 1 年间，通风半年并不能使有害物质完全挥发，只不过是将其浓度降低到人体健康允许的范围之内。

② 不同档次，不同对待。如果装修得较为豪华，设计造型、材料用量比较多，那么还需要在半年的基础上酌情增加通风时间。

③ 根据季节定时间。装修后的通风散味时间，也和装修的季节有关系，如果是夏季装修，则挥发物散发得较快，相对而言，时间可以缩短一些，甲方可以稍微提前一点入住。而如果是冬季装修，时间则一定要相应延长。

第二章
基础改造与水电改造

基础施工与水电改造在装修施工中是最基础也是最重要的一环，其中包含了很多隐蔽工程的内容，一旦完工，后期不容易修改，因此在施工过程中一定要谨慎。

第一节
基础改造

一、墙体的拆除

　　墙体的拆除不仅要注意现场施工的情况，更要在施工前确认墙体的拆除是否安全，保证拆除工程的安全进行。

① 区分可拆除和不可拆除墙体

　　房屋建筑结构中有着承重骨架体系，它承受着各种力的作用，为了保证业主自己以及楼房内其他住户的安全，该承重结构不允许轻易拆除，设计师在画施工图纸的时候要注意区分可拆除墙体和不可拆除墙体，保留承重结构。设计师可以根据建筑图纸判断哪些部分为承重结构，一般的建筑施工图纸中剪力墙为黑色填充，其余部分代表砖砌或混凝土墙体（根据不同的制图规范，墙体填充的方式可能会有所不同），虚线部分代表横梁。通过查看图纸，可确定室内墙体可拆除的部分。

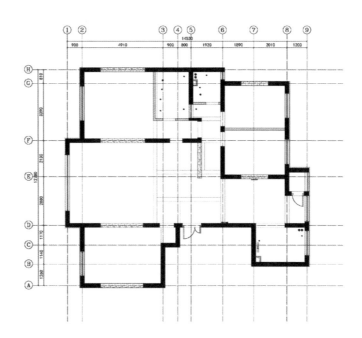

❷ 不可拆除墙体的类型

（1）承重结构不能拆

承重结构包括承重墙、梁和柱。承重墙承担着楼盘的重量，维持着整个房屋结构的力的平衡。梁和柱是用来支撑整栋楼结构重量的，是房屋核心骨架，如果随意拆除或改造就会影响到整栋楼的使用安全，非常危险，所以绝不能拆改。

（2）墙体中的钢筋是不能破坏的

在拆改墙体时，如钢筋遭到破坏，就会影响到房屋结构的承受力，留下安全隐患。

（3）阳台边的矮墙不能拆除

随着人们对大自然的向往，认为房间与阳台之间设置的一堵矮墙非常令人讨厌，总想拆之而后快。一般来说，墙体上的门窗可以拆除，但该墙体不能拆，因为该墙体在结构上称之为"配重墙"。配重墙起着稳定外挑阳台的作用，如果拆除该墙，就会使阳台的承重力下降，严重的可能会导致阳台坍塌。

（4）嵌在混凝土结构中的门框最好不要拆除

因为这样的门框其实已经与混凝土结构合为一体，如果对其进行拆除或改造，就会破坏结构的安全性。同时，重新再安装一扇合适的门也是比较困难的事情，且肯定不如原有的牢固。

❸ 墙体的拆除施工

步骤一　定位拆除线

对照墙体拆改图纸，用粉笔在墙面画出轮廓，避开插座、开关、强电箱等电路端口，对隐藏在墙体内部的电线做出标记，以防切割机作业时损伤电路，造成危险。

▲ 手持式切割机作业

步骤二　切割墙体

① 使用手持式切割机切割墙体时，先从上向下切割竖线，再从左向右切割横线。切割深度保持在 20~25mm。墙体的正反两面都需要切割。

② 使用大型的墙壁切割机作业时，切割深

▲ 专业墙壁切割机作业

度以超过墙体厚度 10mm 为宜。

步骤三　打眼

① 风镐不可在墙体中连续打眼，要遵循多次数、短时间的原则。

② 拆除大面积墙体时，使用风镐在墙面中分散、均匀地打眼，减少后期使用大锤拆墙的难度。

③ 在接近拆除线的位置施工时，可使用风镐拆墙，避免大锤用力过猛，破坏其他墙体。

步骤四　拆墙

大锤拆墙作业时，先从侧边的墙体开始，逐步向内侧拆墙。拆墙作业时切记，不能将下面的墙体全部拆完后，再拆上面的墙体。应当从下面的墙体逐步、呈弧形向上面扩展，防止墙体发生坍塌危险。

小贴士

拆除过程的小技巧

原有煤气管道以及电视、电脑、电话等因墙体拆除而改位时，在施工中要对其管线进行保护，不可随意切断或埋入墙内。

在拆除卫生间以及其他具有排水设施的房间墙体时，需要提前将地漏、排水等进行封堵，以免拆除施工时碎石等杂物掉入管道。

▲ 拆墙保留穿线管

▲ 使用大锤砸墙

二、门窗的拆除

门窗根据其不同的类型，其拆除手法和步骤也各不相同。

1 门的拆除

（1）防盗门的拆除

步骤一　拆门合页

① 将门扇开启到 90°，在门扇的下方垫上木方，使门扇固定。也可采用其他工具固定门扇，防止门扇左右晃动。

② 用花纹螺钉旋具（俗称螺丝刀）拧下合页。先拧上面的合页，再拧下面的合页，最后拧中间的合页，这样可以保证门扇不会歪斜。将合页和螺钉集中摆放。

③ 双手把住门扇中间偏下的位置，匀速将其挪开，呈一定角度斜靠在墙边。

▲ 拆门合页

步骤二　拆门槛

用大锤将防盗门内侧的门槛石敲碎，将水泥砂浆敲松。在靠近防盗门外侧的部位改用撬棍。将防盗门门槛拆除后，将其堆放在一边。

步骤三　拆门套

用撬棍将门套周围的水泥砂浆敲松，轻轻撬起门套，然后将门套拆除，与门槛堆放在一起。

▲ 拆门槛

▲ 拆门套

（2）室内门拆除

步骤一 拆门合页

将室内门开启到 90°，使室内门靠紧门吸。用花纹螺钉旋具将合页拧下，将门扇倾斜摆放在墙边。

步骤二 拆门套

① 不破坏墙面的拆除方法。从门套线的内侧开始拆除，使用锤子将门套砸出缺口，用撬棍扳下门套。这样虽然会将门套破坏，但可以保护墙面不受损坏。

② 不破坏门套线的拆除方法。从门套线的外侧开始拆除，使用撬棍将门套线的密封胶撬开，要从上到下全部撬开，然后两个人分别扳起门套线的上下两侧，拆下门套线。这种方式会对墙面漆产生破坏，但可以完好地保留门套线。

（3）推拉门的拆除

步骤一 拆连接件、滑轮

① 首先找到推拉门与滑轮的连接件，一般在推拉门的侧边角位置，呈 L 形。使用螺钉旋具或六角扳手将连接件内部的螺栓拧下来，使连接件与推拉门脱离。

② 将带有连接件的滑轮移向侧边，准备拆卸推拉门门扇。

步骤二 拆门扇

① 将推拉门门扇移动到轨道的中间位置，使门扇和连接件完全脱离。

② 两侧分别站人，用手把住门扇的中间位置，轻轻向上提起，使门扇的下侧与轨道脱离。然后向外侧移动门扇，使门扇完全脱离推拉门轨道。将拆下的门扇斜靠在墙边。

步骤三 拆框架、门轨

① 用花纹螺钉旋具将侧边框架内的膨胀螺栓拧下，用撬棍将框架撬起，拆卸下来。

② 用撬棍将地面中的轨道撬起，拆卸下来，和侧边框架堆放到一起。

▲ 连接件、滑轮的结构

▲ 完工效果

② 窗的拆除

（1）户外窗的拆除

步骤一 拆纱窗

将活动窗扇打开，将纱窗向上收入纱窗盒内，用螺钉旋具拧开或撬开纱窗盒两侧的固定件，将其拆卸下来，堆放在一边。

步骤二 拆窗扇

① 拆除开合式窗扇。用螺钉旋具将窗扇的三角支架拧松，将支架拆卸下来。然后将窗扇开启到 90°，安排一人把住窗扇，一人用花纹螺钉旋具将合页拆卸下来，再将窗扇拆下来，倾斜靠在墙边。

② 拆除推拉式窗扇。首先用双手把住窗扇的中间位置，轻轻向上拔起，拔起到完全顶住窗框架的上檐。然后均匀用力，将窗扇的左下角或右下角向外拉，待一个角完全出来后，将窗扇快速用力向外拉拽，直到窗扇的下面完全脱离轨道，最后再将窗扇倾斜靠在墙边。

步骤三 拆封边条

使用刀具将涂抹在窗户四边的胶条划开，用扁头螺钉旋具将封边条撬开，将四边的封边条依次拆卸下来，统一堆放。

步骤四 拆玻璃

从窗的外侧轻轻敲击、推动玻璃，使玻璃与窗框架脱离，将玻璃拆卸下来，倾斜靠在墙边。挪动玻璃时，注意防止被玻璃毛边划伤，最好的方法是用废纸或废布垫在玻璃上，以保证施工安全。

▲拆纱窗

▲拆推拉式窗扇

▲被拆卸下来的玻璃

步骤五 拆窗框

① 用膨胀螺栓固定的框窗。户外窗框架若采用膨胀螺栓与墙体连接，可直接使用花纹螺钉旋具将膨胀螺栓拧下来，然后使用撬棍将窗框架敲松，将其拆卸下来并堆放在一边。若窗框架老化，膨胀螺栓生锈，则需要使用冲击钻将膨胀螺栓打碎，然后使用撬棍拆卸窗框架。

② 用连接片固定的窗框。户外窗框架若采用连接片与墙体连接，则需要使用冲击钻将连接片拆除，然后使用撬棍拆卸窗框架。若窗框架老化严重，难以取下，则需要使用钢锯将窗框架的中间部分锯开，或将窗框架锯成多个段，然后使用撬棍将其拆卸下来。

▲ 拆窗框　　　　　　　　　　　　　　　▲ 用撬棍拆窗框

小贴士

拆卸注意事项

拆卸过程中，要一人拆卸，另一人负责窗的稳定，同时要将窗框四周的抹灰层剔凿干净。拆窗时要特别注意，不能对墙和结构造成破坏。

▶ 拆下的完好窗框

步骤六 清理

户外窗直接连通着室外，窗户拆下来以后，对于窗边、窗框的水泥块和胶条等建筑垃圾应及时清理，以防落到室外砸伤行人。对于高层的住宅楼，尤其应注意户外窗拆除后的清理工作。

扩展知识

窗拆除前的准备

在窗的拆除中要注意，商业建筑、民商公用建筑中一般不允许外立面的窗户被替换，会影响到建筑的整体造型，即使在民用建筑中拆除户外窗也要谨慎进行。

（2）窗护栏的拆除

步骤一 切割护栏

① 使用锤子将窗护栏和墙面衔接处的金属盖敲松，并拆卸下来。

② 使用切割机挨近墙边纵向切割，将窗护栏切断。由于切割机的切割片深度有限，因此要绕着护栏切割，避免直上直下地切割，影响切割机的使用寿命。

③ 切割机选择便携式的手持切割机，以操作方便为主。

▲ 切割护栏

步骤二 取出膨胀螺栓

① 将切断后的窗护栏统一堆放在一起，然后准备取出墙内的膨胀螺栓。

② 在膨胀螺栓可以转动的情况下，将其拧出来，然后用水泥砂浆将豁口填满。

③ 对于膨胀螺栓生锈老化的情况，可以使用切割机将其锯断到可隐藏在墙内的位置，然后用水泥砂浆将豁口填满。

▲ 拆下的窗护栏

第二节
水电改造

一、水路施工

水路施工是隐蔽工程之一，主要包含水管的线路和连接等方面的施工过程。

① 水路管线施工

步骤一　施工准备

① 确定墙体有无变动，以及家具和电器摆放的位置。

② 确定卫生间面盆、坐便器、淋浴区（包括花洒）和洗衣机的位置，是否安放浴缸和墩布池，提前确定浴缸和坐便器的规格。

步骤二　定位弹线

① 首先查看进水管的位置，然后确定下水口的数量、位置，以及排水立管的位置。查看并掌握基本情况后，再进行定位，定位的内容和顺序依次是冷水管走向、热水器位置、热水管走向，使用这种方式定位能够有效避免给水管排布重复的情况。

② 在墙面标记出用水洁具、厨具（包括热水器、淋浴花洒、坐便器、小便器、浴缸，以及洗菜槽、洗衣机等）的位置。通常来说，画线的宽度要比管材直径宽10mm，而且画线时要注意墙面只能竖向或横向画线，不允许斜向画线；地面画线时需靠近墙边，转角保持90°。

③ 根据水电布置图确定卫生间、厨房改造地漏的数量，以及新的地漏位置；确定坐便器、洗手盆、洗菜槽、墩布池以及洗衣机的排水管位置。

④ 将水平仪调试好，根据红外线用卷尺在两头定点，一般离地1000mm。再按这个点向其他方向的墙上标记点，最后按标记的点弹线。

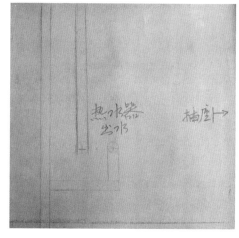

▲ 热水器出水口距地高度 1700~1900mm

▲ 淋浴花洒出水口距地高度 1000~1100mm

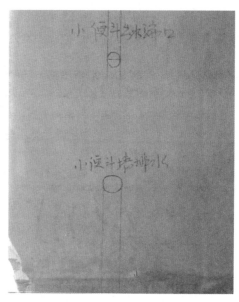

▲ 小便器出水口距地高度 600~700mm

▲ 浴缸出水口距地高度 750mm

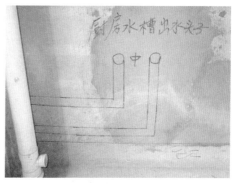

▲ 洗菜槽出水口距地高度 500~550mm

▲ 洗衣机出水口距地高度 850~1100mm

▲ 坐便器出水口距地高度 250~350mm

小贴士

弹线技巧

① 弹长线的方法：首先用水平仪标记水平线，然后在需要画线的两端用粉笔标记出明显的标记点，再根据标记点使用墨斗弹线。

② 弹短线的方法：用水平尺找好水平线，一边移动水平尺，一边用记号笔或墨斗在墙面上弹线。

▲ 墨斗弹线　　　　　　　　　　　　▲ 水平尺弹线

步骤三　开槽

① 开槽施工之前，准备一个矿泉水瓶，在瓶盖上扎出小孔，灌满水。

② 使用开槽机顺着墙面的弹线痕迹，从上到下，从左向右开槽。开槽过程中，使用矿泉水瓶不断向高速运转的切片上滋水，防止开槽机过热，减少切割过程中产生的灰尘。对于一些特殊位置、宽度的开槽，需要使用冲击钻。使用过程中，冲击钻要保持垂直，不可倾斜或用力过猛。

▲ 开槽机施工　　　　　　　　　　　　▲ 冲击钻开槽

小贴士

开槽尺寸

① 开槽深度尺寸：水管的开槽深度为 40mm；穿线管若选用 16mm 的 PVC 管，开槽深度为 20mm；若选用 20mm 的 PVC 管，开槽深度为 25mm。

② 水管的开槽宽度为 30mm，冷、热水管的开槽间距为 200mm。

▲ 冷热水管开槽间距

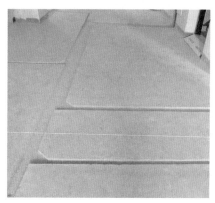

▲ 地面开槽间距

步骤四 管道加工

PPR 给水管和 PVC 排水管的连接工艺不同，需要分开讲解。给水管采用热熔连接工艺，需要使用热熔机等工具；排水管采用粘结连接工艺，需要使用切割机等工具。

① 给水管热熔连接工艺

组装热熔机

组装热熔机首先要安装固定支架，支架多为竖插型，将热熔机直接插入支架即可，然后安装磨具头，先用内部螺栓连接两端磨具头，再用六角扳手将其拧紧。

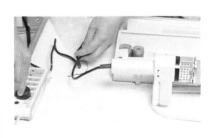

热熔机预热

预热的文字改成"插入电源，待热熔机加热，绿灯亮表示正在加热，红灯亮表示加热完成，可以开始工作（PPR管调温到260~270℃；PE管调温到220~230℃）"。

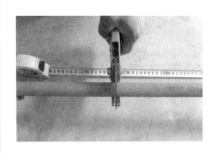

切割管材

切割管材时先用米尺测量好长度，再用管钳切割。进行切割操作时，必须使端口垂直于管轴线。切割后的管口要使用钳子处理，从而保持管口的圆润。

热熔给水管和配件

将给水管和配件同时插进磨具头内，两手均匀用力向内推进，时间维持3~5s，然后将管材与配件迅速从磨具头内取出。

连接给水管和配件

热熔后，迅速连接管材与配件，插入时不可旋转，不可用力过猛。在连接过程中，最好戴上手套，以防止烫伤。

晃动检查

用手晃动管材，看热熔是否牢固。

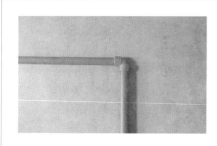

直角检查

90°弯头连接的管材，需保证直角，不可有歪斜扭曲等情况。

② 排水管粘结连接工艺

管道标记

因为切割机的切割片有一定厚度，所以在管道上做标记时需多预留 2~3mm，从而确保切割管道长度的准确性。

切割管道

将标记好的管道放置在切割机中，并将标记点对准切片。之后开始切割管道，切割管道时要匀速缓慢并确保与管道成90°。切割后，迅速将切割机抬起，以防止切片过热烫坏管口。

管口磨边

是将刚切割好的管口放在运行中的切割机的切割片上处理管口毛边的操作。磨边时用锉刀、砂纸处理。一些表面光滑的管道接面过滑，所以必须用砂纸将接面磨花、磨粗糙，从而保证管道的粘结质量。

清洁管道

将打磨好的管道、管口用抹布擦拭干净，旧管件要先用清洁剂清洗粘结面，然后使用抹布擦拭干净。

管件端口涂抹胶水

首先在管件内均匀地涂上胶水，然后在两端粘结面上涂胶水，管口粘结面长约10mm，涂抹时要均匀、厚涂。

粘结管道和配件

将管道轻微旋转着插入管件，完全插入后，需要固定15s，胶水晾干后即可使用。

步骤五 管道敷设

给水管和排水管的敷设要分开进行。给水管敷设的长度长、难度大，遍布墙面、顶面和地面；排水管的敷设较为集中，主要分布在地面，敷设时的重点是坡度。

① 给水管敷设

敷设顶面给水管

※ 安装给水管吊筋、管夹，距离保持在 400~500mm。转角处的吊筋、管夹可多安装 1~2 个。

※ 敷设给水管。给水管与吊顶间距离保持在 80~100mm，与墙面保持平行；吊顶给水管需用黑色隔声棉包裹起来，起到保温、降噪、防止漏水的作用。

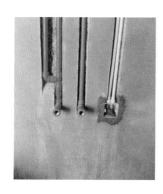

敷设墙面给水管

※ 墙面不允许大面积敷设横管，否则会影响墙体稳固。

※ 当水管穿过卫生间或厨房的墙体时，需在离地面 300mm 处打洞，防止破坏防水层。

※ 给水管与穿线管之间，应保持 200mm 的间距；冷热水管之间需保持 150mm 的间距，左侧走热水，右侧走冷水。给水管需内凹 20mm，方便后期封槽。

※ 给水管的出水口，用水平尺测平整度，不可有高低、歪扭等情况。

敷设地面给水管

※ 当水管的长度超过 6000mm 时，需采用 U 形施工工艺。U 形管的长度不得低于 150mm，不得高于 400mm。

※ 地面管路发生交叉时，次管路须通过安装过桥敷设在主管道下面，使整体管道分布保持在水平线上。

② 排水管敷设

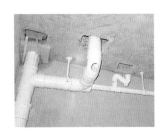

敷设坐便器排污管

※ 改变坐便器排污管的位置，最好的方案是从楼下的土管道修改。

※ 坐便器改墙排时需在地面开槽，然后将排水管预埋进去 2/3，并保持轻微的坡度。墙面不需要开槽，使用红砖、水泥砌筑包裹起来即可。

※ 下沉式卫生间中坐便器排污管在安装时，需具有轻微的坡度，并用管夹固定。

敷设面盆、洗菜槽排水管

※ 洗菜槽排水管要靠近排水立管来安装，并预留存水弯。

※ 墙排式面盆，排水管高度需预留在 400~500mm。

※ 普通面盆的排水管，安装位置距离墙边 50~100mm。

敷设洗衣机、墩布池排水管

※ 洗衣机排水管不可紧贴墙面，需预留出50mm 以上的宽度。洗衣机旁边需预留地漏下水，防止阳台积水。

※ 墩布池下水不需要预留存水弯，通常安装在靠近排水立管的位置。

敷设地漏排水管

※ 同一房间内的地漏排水管粗细需保持一致，并敷设统一排水管道。

步骤六 打压试水

① 打压试水时应首先关闭进水总阀门，然后逐个封堵给水管端口，封堵的材料需保持一致。再用软管将冷、热水管连接起来，形成一个圈，以保证封闭性。

▲ 封堵出水端口

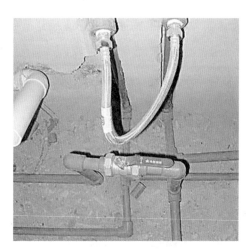

▲ 软管连接冷热水管

② 用软管一端连接给水管，另一端连接打压泵。往打压泵容器内注满水，调整压力指针至 0 的位置。在测试压力时，应使用清水，避免使用含有杂质的水进行测试。

③ 按压压杆使压力表指针指向 0.9~1.0（此刻压力是正常水压的 3 倍），保持这个压力一段时间。不同管材的测压时间不同，一般在 30min~4h。

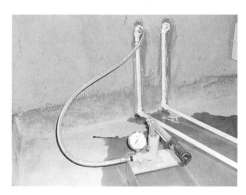

▲ 连接打压泵

▲ 水管测压

④ 测压期间要逐个检查堵头、内丝接头，看其是否渗水。在规定的时间内，压力表指针没有丝毫的下降，或下降幅度保持在 0.1 以内，说明测压成功。

步骤七 封槽

搅拌水泥的位置需避开水管，选择空旷干净的地方。搅拌水泥之前，需将地面清理干净。水泥与细砂的比例应为 1:2。

封槽应从地面开始，然后封墙面；先封竖向凹槽，再封横向凹槽。水泥砂浆应均匀地填满水管凹槽，不可有空鼓。待封槽水泥快风干时，检查表面是否平整。若发现凹陷，应及时补封水泥。

▲ 封槽施工

▲ 封槽完成

步骤八 涂刷防水

涂刷防水是指水电基础施工完工后，在卫生间、厨房或阳台再次涂刷防水，防止发生漏水现象。涂刷防水主要集中在卫生间的墙、地面，厨房的部分地面，以及阳台的部分地面。

① 修理基层。如果墙面有明显凹凸、裂缝、渗水等现象，可以使用水泥砂浆修补，阴阳角区域也要修理平直。卫生间若是下沉式的，需要使用砂石、水泥将地面抹平。

▲ 下沉式卫生间抹平

② 清理墙地面。使用铲刀等工具铲除墙地面的疏松颗粒，以保持表面的平整。可以使用扫把将灰尘、颗粒清理出房间，然后用水润湿墙地面，保持表面的湿润，但不能留有明水。

③ 搅拌防水涂料。先将液料倒入容器中，然后再将粉料慢慢加入，同时充分搅拌3~5min，至形成无生粉团且颗粒均匀的浆料。如果用搅拌器搅拌，则应保持同一方向搅拌，不可反复逆向搅拌，搅拌完成后的防水涂料应均匀无颗粒。

④ 涂刷过程应均匀，不可漏刷，转角处、管道变形部位应加强防水涂层，杜绝漏

水隐患。涂刷完成后，表面应平整无明显颗粒，阴阳角保证平直。

⑤ 施工 24h 后，用湿布覆盖涂层或喷雾洒水对涂层进行养护。施工后完全干涸前，应禁止踩踏、雨水淋湿、曝晒、尖锐损伤等。

▲ 管件部位加固涂刷

▲ 防水涂刷完成

小贴士

涂刷技巧

涂刷防水涂料时要先刷预埋线，并在墙面和地面连接阴角处刷成八字形并下交叉，交接处宽度为 200mm。刷完墙角后，可沿基准线涂刷墙体：第一遍上下纵向涂刷，第二遍左右横向涂刷。地面防水涂料的涂刷方向应从房间内侧向门口，水管处需要细致涂刷。

步骤九　闭水试验

① 防水施工完成 24h 后，做闭水试验。

② 封堵地漏、面盆、坐便器等排水管端口。封堵材料最好选用专业保护盖，没有的情况下可选择废弃的塑料袋封堵。

③ 在房间门口用黄泥土、低等级水泥砂浆等材料砌筑 150~200mm 高的挡水条；也可以先用红砖封堵门口，然后再涂刷水泥砂浆。

▲ 水泥挡水条

④ 蓄水深度保持在 50~200mm，并做好水位标记。蓄水时间保持 24~48h。

⑤ 第一天闭水后，应检查墙体与地面，观察墙体，看水位线是否有明显下降，并仔细检查四周墙面和地面有无渗漏现象。第二天闭水后，则需全面检查楼下天花板和屋顶管道周边位置有无渗水现象。

▲ 开始蓄水

▲ 渗水印记表示防水层不合格

二、电路施工

电路施工关系到室内空间的电路流通是否通畅，并且在现场施工前要注意切断电源，防止意外发生。

① 电路管线施工

步骤一　绘制布线图

在电路施工时要先绘制电路布线图，严谨的施工图是电路改造的基础，因此要严格按照图纸的内容对电路进行设计与改造。

步骤二　前期准备

在电路施工前，要进行一些必要的前期准备工作，通常包括以下几项：

① 检查进户线，包括电源线、弱电线是否合格。若房屋年代久远，则可能会有进户线口径过小不能承受大功率电器使用的情况，所以要事先检查。

② 做好材料准备。包括各种规格的强弱电线、开关、插座、底盒、管卡、黄蜡管、配电箱，及其他各种材料的品牌、规格和数量，尽量避免在施工过程中经常性补料的情况。

③ 确定进场人员。这需要根据实际情况来制定施工进度表，从而确定进场的人数、人员等。

步骤三 定位画线

在绘制好施工图后，要根据图纸要求进行测量与定位的工作，以确定管线的走向、标高，以及开关、插座、灯具等设备的位置，并用墨盒线进行标记。

① 首先从入户门的位置开始定位，确定开关、灯具、插座、电箱的位置，初步定位时可直接采用粉笔画线，需要标记出线路的走向和高度。

② 墙面中的电路画线，只可竖向或横向，不可斜向，尽量不要有交叉。

③ 墙面电线走向与地面衔接时，需保持线路的平直，不可有歪斜。

④ 地面中的电路画线，不要靠墙脚太近，需保持 300mm 以上的距离，以避免后期墙面施工时对电路造成损坏。

▲ 粉笔标记

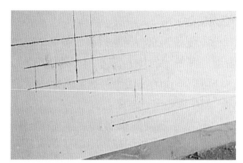

▲ 地面画线

步骤四 开槽

在确定了线路走向、终端以及各项设备设施的位置后，就要沿着画线的位置开槽。开槽时要配合水作为润滑剂，以达到除尘、降噪、防开裂的目的。开槽时的施工要点如下：

① 开槽必须严格按照画线标记进行，地面开槽的深度不可超过 50mm。

② 开槽必须要横平竖直，切底盒槽孔时也要方正、整齐。切槽深度一般比线管直径大 10mm，底盒深度比底盒尺寸大 10mm 以上。

③ 开槽时，强电和弱电需要分开，并且保持至少 150mm 以上的距离，处在同一高度的插座，开一个横槽即可。

④ 管线走顶棚时打孔不宜过深，深度以能固定管卡为宜。

⑤ 开槽后，要及时清理槽内的垃圾。

▲ 强弱电开槽

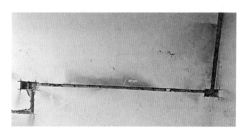

▲ 墙面开横槽

步骤五　布管

　　布管采用的线管一般有两种，一种是PVC线管，另一种是钢管。在家装中，多使用PVC线管；在一些对消防要求较高的公装中，则多采用钢管作为电线套管，因为钢管具有良好的抗冲击能力，强度高、耐高温、耐腐蚀，防火性能极佳，同时能屏蔽静电，保证信号的良好传输。布管的施工要点如下：

　　① 布管排列要横平竖直，多管并列敷设的明管，管与管之间不得出现间隙，转弯处也同样。

　　② 电线管路与天然气管、暖气、热水管道之间的平行间距应不小于300mm，这样可以防止电线因受热而发生绝缘层老化，避免缩短电线寿命。

　　③ 水平方向敷设多管（管径不一样的）并设的线路时，要求小规格穿线管靠左，依次排列。

　　④ 敷设直线穿线管时，以下几种情况需要加装线盒：直管段超过30m；含有一个弯头的管段每超过20m；含有两个弯头的管段每超过15m；含有3个弯头的管段每超过8m。

　　⑤ 弱电与强电相交时，需包裹锡箔纸隔开，以起到防干扰作用。

　　⑥ 敷设转弯处穿线管。敷设转弯处穿线管时，要先用弯管弹簧将其弯曲，弯曲半径不宜过小；在管中部弯曲时，要将弹簧两端拴上铁丝，以便于拉动。为了保证不因为导管弯曲半径过小，而导致拉线困难，导管的弯曲半径应尽可能放大。穿线管弯曲时，半径不能小于管径的6倍。

　　⑦ 地面采用明管敷设时，应加固管卡，卡距不超过1m。需注意在预埋地热管线的区域内严禁打眼固定。管卡固定应"一管一个"，安装需要牢固，转弯处需要增设管卡。

▲ 水平方向敷设多根穿线管

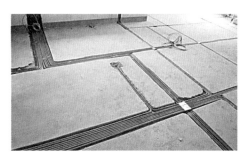

▲ 强弱电交叉使用锡箔纸

▲ 弯管处工艺处理

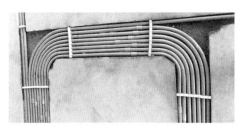

▲ 转弯处增设管卡

步骤六 穿线

① 正确选择电线颜色，三线制必须使用三种不同颜色的电线。红、绿双色为火线色标，蓝色为零线色标，黄色或黄绿双色线为接地线色标。

② 根据家庭装修用电标准，照明用 1.5mm² 电线，空调挂机插座用 2.5mm² 电线，空调柜机用 4mm² 电线，进户线为 10mm²。穿线管内事先穿入引线，然后将待装电线引入线管之中，利用引线将穿入管中的电线拉出，若管中的电线数量为 2~5 根，应一次穿入。将电线穿入相应的穿线管中时应注意，同一根穿线管内的电线数量不可超过 8 根。通常情况下，ϕ16mm 的电线管不宜超过 3 根电线，ϕ20mm 的电线管不宜超过 4 根电线。

③ 穿线管内的线不能有接头，穿入管内的导线接头应设在接线盒中，导线预留长度不宜超过 150mm。接头搭接要牢固，用绝缘胶带包缠，要均匀紧密。

④ 空调、浴霸、电热水器、冰箱的线路须从强电箱中单独引至安装位置。

▲ 强电穿线施工

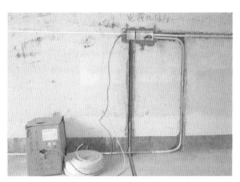
▲ 弱电穿线施工

小贴士

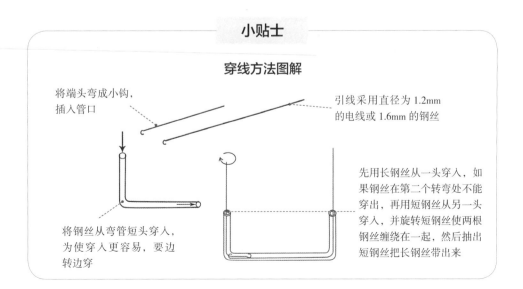

穿线方法图解

将端头弯成小钩，插入管口

引线采用直径为 1.2mm 的电线或 1.6mm 的钢丝

将钢丝从弯管短头穿入，为使穿入更容易，要边转边穿

先用长钢丝从一头穿入，如果钢丝在第二个转弯处不能穿出，再用短钢丝从另一头穿入，并旋转短钢丝使两根钢丝缠绕在一起，然后抽出短钢丝把长钢丝带出来

步骤七　电路检测

① 连接万用表。红色表笔接到红色接线柱或标有"+"极的插孔内，黑色表笔接到黑色接线柱或标有"－"极的插孔内。

② 测试万用表。首先把量程选择开关旋转到相应的挡位与量程。然后红、黑表笔不接触断开，看指针是否位于"∞"刻度线上，如果不位于"∞"刻度线上，则需要调整。之后将两支表笔互相碰触短接，观察 0 刻度线，表针如果不在 0 刻度线，则需要机械调零。最后选择合适的量程挡位准备开始测量电路。

测试电路

测试交流电压		测试直流电压
● 将开关旋转到交流电压挡位，把万用表并联在被测电路中，若不知被测电压的大概数值，则需将开关旋转至交流电压最高量程上进行试探，然后根据情况调挡	- - >	● 进行机械调零，选择直流量程挡位。将万用表并联在被测电路中，注意正负极，测量时断开被测支路，将万用表红、黑表笔串接在被断开的两点之间 ● 若不知被测电压的极性及数值，则需将开关旋转至直流电压最高量程上进行试探，然后根据情况调挡

测试电阻		测试直流电流
● 把开关旋转到电阻挡位，将两根表笔短接进行调零，随后即可测试电阻	< - -	● 旋转开关选择好量程，根据电路的极性把万用表串联在被测电路中

步骤八　封槽

检测成功后就可以进行封槽。封槽前先洒水润湿槽内，调配与原结构配比基本一致的水泥砂浆，从而确保其强度（不可采用腻子粉封槽）。将水泥砂浆均匀地填满水管凹槽，不可有空鼓。待封槽水泥快风干时，检查表面是否平整。若发现凹陷，应及时补封水泥。

❷ 电线线管加工

电线线管加工分为弯管加工和直线连接，弯管加工的工艺较为复杂，有冷煨法和热煨法两种不同的方式；直线连接工艺较为简单，主要依靠粘结工艺。

（1）弯管加工

1）冷煨法弯管

冷煨法弯管通常适用于管径小于或等于 25mm 的弯管加工。

步骤一　断管

小管径可使用剪管器，大管径可使用钢锯断管。断管完成后，需要对断口做锉平、铣光等工艺处理。

步骤二　煨弯

将弯管弹簧插入穿线管内需要煨弯处，两手抓牢管子两头，将穿线管顶在膝盖上，用手扳，逐步煨出所需弯度，然后抽出弯管弹簧。

▲ 弯管弹簧

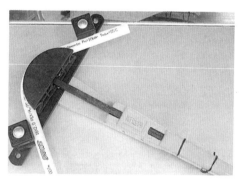

▲ 弯管器

2）热煨法弯管

步骤一　弯管部位加热

首先将弯管弹簧插入管内，然后用电炉或热风机对需要弯曲的部位进行均匀加热，直到可以弯曲时为止。

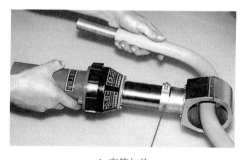

▲ 弯管加热

步骤二　冷却定型

将管子的一端固定在平整的木板上，逐步煨出所需要的弯度，然后用湿布抹擦弯曲部位使其冷却定型。对规格较大的管路，没有配套的弯管弹簧时，可以把细砂灌入管内并振实，堵好两端管口。

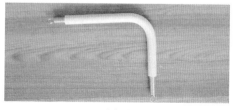

▲ 冷却定型

（2）直线连接

步骤一　粘结穿线管

使用小刷子粘上配套的 PVC 胶粘剂，均匀地涂抹在管子的外壁上。然后将管体插入直接接头，到达合适的位置，另一根管道做同样处理。

步骤二　风干定型

穿线管用胶粘剂连接后 1min 内不要移动，等待定型。牢固后才能移动。

❸ 电线加工

电线加工是水电施工项目中的重点之一，施工内容包括铜导线、网线、电话线的连接工艺和制作。

（1）单芯铜导线连接

1）绞接法

绞接法通常适用于截面积为 $4mm^2$ 及以下的单芯线连接。

步骤一　交叉

将两线互相交叉，用双手同时把两线芯互绞 3 圈。

▲ 互绞 3 圈

步骤二　缠绕

将两个线芯分别在另一个芯线上缠绕 5 圈，剪掉余线，压紧导线。

▲ 缠绕 5 圈

2）缠绕卷法直接连接

缠绕卷法直接连接通常适用于面积为 $6mm^2$ 及以上的单芯线的连接。

① 同芯线连接。

▲ 将要连接的两根导线接头对接，中间填入一根同直径的芯线

▲ 用绑线从并合部位中间向两端缠绕，缠绕长度为导线直径的10倍

▲ 将添加线芯的两端折回，将铜线两端继续向外单独缠绕5圈，将余线剪掉

② 异芯线连接。

▲ 当连接的两根导线直径不相同时，先将细导线的线芯在粗导线的线芯上缠绕5~6圈

▲ 将粗导线线芯的线头回折，压在缠绕层上

▲ 用细导线的线芯在上面继续缠绕3~4圈，剪去多余线头即可

3）缠绕卷法分支连接（适用于截面积为 6mm² 及以上单芯线的连接）

① T字连接。

▲ 将支路线芯的线头在干路线芯上打一个环结，并在干路线芯上紧密缠绕 5~8 圈，最后剪去多余的线头即可

② 十字连接。

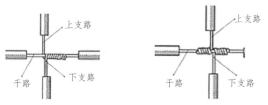

▲ 将上下支路的线芯在干路线芯上缠绕 5~8 圈，然后剪去多余的线头即可。支路线芯可以向一个方向缠绕，也可以向两个方向缠绕

4）制作单芯铜导线的接线圈

采用平压式接线桩方法时，需要用螺钉加垫圈将线头压紧完成连接。家装用的单芯铜导线相对而言载流量小，有的需要将线头做成接线圈。

步骤一　折角

将绝缘层剥除，从距离绝缘层根部 3mm 处向外侧折角。

▲ 折角细节示意图

步骤二　修角

按照略大于螺钉直径的长度弯曲圆弧，再将多余的线芯剪掉，修正圆弧即可。

▲ 修角细节示意图

5）制作单芯铜导线盒内封端

步骤一　剥绝缘层

剥除需要连接的导线绝缘层。

步骤二　连接导线

将连接段并合，在距离绝缘层大于 15mm 的地方绞缠 2 圈。

步骤三　折回压紧

剩余的长度根据实际需要剪掉一些，然后把剩下的线折回压紧即可。

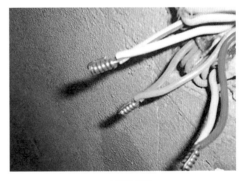

▲ 折回压紧

（2）多股铜导线连接

1）单卷连接法：直接连接

步骤一　插嵌芯线

把多股导线的线芯顺次解开，并剪去中心一股，再将各张开的线端相互插嵌，插到每股线的中心完全接触。

步骤二　缠线

把张开的各线端合拢，取任意两股同时缠绕 5~6 圈后，另换两股缠绕，把原有两股压在里挡或把余线剪掉，再缠绕 5~6 圈。

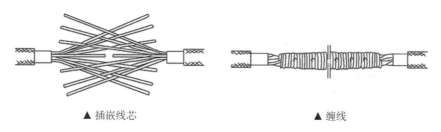

▲ 插嵌线芯　　　　　　　　　　　　▲ 缠线

步骤三　缠另一端

以此类推，缠绕到边线的解开点为止，选择两股缠线互相扭绞 3~4 圈，将余线剪掉，余留部分用钳子敲平，使其各线紧密缠绕，再用同样方法连接另一端。

2）单卷连接法：分支连接

步骤一　处理支线

先将分支路端解开，拉直、擦净，分为两股，然后各折弯 90° 之后附在干路上。

步骤二　缠线

一边用另备的短线做临时绑扎；另一边在各单线线端中任意取出一股，用钳子在干路上紧密缠绕 5 圈，将余线压在里挡或剪去。

步骤三　缠另一端

调换一根，用同样方法缠绕 3 圈。以此类推，缠绕至距离干线绝缘层 15mm 处为止，再用同样方法缠绕另一端。

15mm 15mm　　　　　　　　15mm 15mm
干路　　　　　　长度 =10 倍线径
　　　　　　　　　　　　　　　　干路
3 圈　3 圈　5 圈　　　5 圈　3 圈　3 圈
支路
▲ 分支连接细节示意图

3）缠绕卷法：直接连接

步骤一　处理导线

将剥去绝缘层的导线拉直，在其靠近绝缘层的一端约 1/3 处绞合拧紧，将剩余 2/3 的线芯摆成伞状，另一根需连接的导线也如此处理。

步骤二　缠线

一边用另备的短线做临时绑扎；另一边在各单线线端中任意取出一股，用钳子在干路上紧密缠绕 5 圈，将余线压在里挡或剪去。

步骤三　缠绕第一组

接着将两部分伞状相对，互相插入，捏平线芯，然后将每一边的线芯分成 3 组，将一边的第一组线头翘起并紧密缠绕在线芯上。

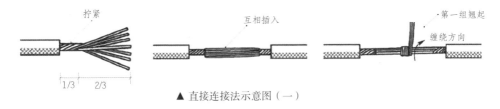

▲ 直接连接法示意图（一）

步骤四　缠绕二、三组

将第二组线头翘起，缠绕在线芯上，依次操作第三组。

▲ 直接连接法示意图（二）

步骤五　缠绕另一端

以同样的方式缠绕另一端的线头，之后剪去多余线头，并将连接处敲紧。

4）缠绕卷法：分支连接

多股铜导线的 T 字分支连接有两种方法。

① 方法一

▲ T 字分支连接方法一示意图

将支路线芯 90° 折弯后与干路线芯并行，然后将线头折回并紧密缠绕在线芯上即可。

② 方法二

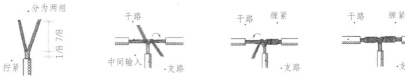

▲ T 字分支连接方法二示意图

将支路线芯靠近绝缘层的约 1/8 线芯绞合拧紧，其余 7/8 线芯分为两组，一组插入干路线芯当中，另一组放在干路线芯前面，并朝右边方向缠绕 4~5 圈。再将插入干路线芯当中的那一组朝左边方向缠绕 4~5 圈，连接好导线。

5）缠绕卷法：单、多股导线连接

先将多股导线的线芯拧成一股，再将它紧密地缠绕在单股导线的线芯上，缠绕 5~8 圈，最后将单股导线的线头部分向后折回即可。

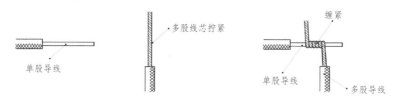

▲ 单股导线与多股导线连接示意图

6）缠绕卷法：同一方向导线连接
① 单股导线

▲ 单股导线连接示意图

连接同一方向的单股导线，可以将其中一根导线的线芯紧密地缠绕在其他导线的线芯上，再将其他导线的线芯头部回折压紧即可。

② 多股导线

▲ 多股导线连接示意图

连接同一方向的多股导线，可以将两根导线的线芯交叉，然后绞合拧紧。

③ 单股、多股导线

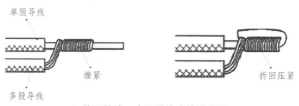

▲ 单股导线、多股导线连接示意图

连接同一方向的单股导线和多股导线，可以将多股导线的线芯紧密地缠绕在单股导线上，再将单股导线的端头部分折回压紧即可。

7）缠绕卷法：护套线与电缆连接

连接双芯护套线、三芯护套线及多芯电缆时，可使用绞接法，应注意将各线芯的连接点错开，以防止短路或漏电。

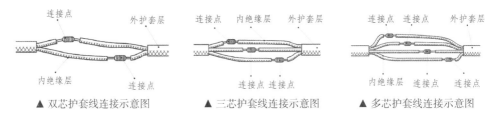

▲ 双芯护套线连接示意图　　　　▲ 三芯护套线连接示意图　　　　▲ 多芯护套线连接示意图

三、防水施工

通常家居中卫浴室、厨房、阳台的地面和墙面，一楼住宅的所有地面和墙面，地下室的地面和所有墙面都应进行防水防潮处理。其中，重点是卫生间防水。

① 防水施工要求

（1）地面防水，墙体上翻刷 30cm 高。

（2）淋浴区周围墙体上翻刷 180cm 或者直接刷到墙顶位置。

（3）有浴缸的位置上翻刷比浴缸高 30cm。

② 刚性防水施工

刚性防水是以依靠结构构件自身的密实性或采用刚性材料做防水层以达到建筑物的防水目的。刚性防水的部位可以是平面或立面，其中：屋面刚性防水施工中，为了防止屋面因受温度变化或房屋不均匀沉陷而引起开裂，在细石混凝土或防水砂浆面层中应设分隔缝。

步骤一　基层处理

① 先用塑料袋之类的东西把排污管口包

▲ 防水施工

▲ 刚性防水施工

起来，扎紧，以防堵塞。

②对原有地面上的杂物清理干净。

③房间中的后埋管可以在穿楼板部位设置防水环，加强防水层的抗渗效果。施工前在基面上用净水浆扫浆一遍，特别是卫生间墙地面之间的接缝以及上下水管道与地面的接缝处要扫浆到位。

步骤二 刷防水剂

①使用防水胶先刷墙面、地面，干透后再刷一遍。

②然后再检查一下防水层是否存在微孔，如果存在，应及时补好。

③第二遍刷完后，在其没有完全干透前，在表面再轻轻刷上一两层薄薄的纯水泥层。

步骤三 抹水泥砂浆

预留的卫生间墙面 300mm 和地面的防水层要一次性施工完成，不能留有施工缝，在卫生间墙地面之间的接缝以及上下水管与地面的接缝处要加设密目钢丝网，上下搭接不少于 150mm（水管处以防水层的宽度为准），压实并做成半径为 25mm 的弧形，加强该薄弱处的抗裂及防水能力。

▲ 抹水泥砂浆

步骤四 压光及养护

在已完成的防水基面上压光，待砂浆硬化后浇水养护，养护时间不少于 3 天。

步骤五 蓄水试验

防水层施工完成后，经过 24h 以上的蓄水试验未发现渗水、漏水，即可认为合格，然后进行隐蔽工程验收。

❸ 柔性防水施工

柔性防水其实是相对于刚性防水而言的，其防水材料的形态与刚性防水不同。柔性防水通过柔性防水材料（如卷材防水、涂膜防水等）来阻断水的通路，以达到建筑防水或提高建筑抗渗漏能力的目的。

▲ 柔性防水施工

步骤一 清理基层表面

①先用塑料袋之类的东西把排污管口包起来，扎紧，以防堵塞。

② 对原有地面上的杂物清理干净。

步骤二　细部处理

涂刷防水层的基层表面，不得有凸凹不平、松动、空鼓、起砂、开裂等缺陷，基层含水率不得高于 9%。

步骤三　配制底胶

先将聚氨酯甲料、乙料加入二甲苯，按照 5∶2 的比例（重量比）搅拌均匀，配制量应视具体情况而定，不宜过多。

步骤四　涂刷底胶

将配制好的底胶混合料用长把滚刷均匀涂刷在基层表面，涂刷量为 0.15~0.2kg/m^2，涂后常温季节 4h 以后，手感不黏时，即可进行下一道工序。

步骤五　细部附加层施工

地面的地漏、管根、出水口、卫生洁具等根部（边沿）以及阴、阳角等部位，应在大面积涂刷前先做"一布二油"防水附加层，两侧各压交界缝 200mm，然后涂刷防水材料。在常温下 4h 以后，再刷第二道防水材料，晾干 24h 后，即可进行大面积涂膜防水层施工。

步骤六　第一遍涂膜

将配好的聚氨酯涂膜防水材料用塑料或橡皮刮板均匀涂刮在已涂好底胶的基层表面上，用量为 0.8kg/m^2，不得有漏刷和鼓泡等缺陷。24h 固化后，可进行第二遍涂膜。

步骤七　第二遍涂膜

在已固化的涂层上，顺着与第一道涂层相互垂直的方向均匀涂刷，涂刮量与第一道相同，不得有漏刷和鼓泡等缺陷。24h 固化后，可进行第三遍涂膜。

步骤八　第三遍涂膜

按上述配方和方法涂刮第三道涂膜，涂刮量以 0.4~0.5kg/m^2 为宜。三道涂膜的厚度一般为 15mm。

步骤九　防水层试水

进行第一次试水，如果有渗漏，应进行补修，直至没有渗漏为止。然后进行保护层饰面层施工，并进行第二次试水。

步骤十　蓄水试验

防水层施工完成后，经过 24h 以上的蓄水试验未发现渗水、漏水，即可认为合格，然后进行隐蔽工程验收。

第三章
隔墙与吊顶施工

不同材料的隔墙与吊顶，其施工要点也是不同的。随着家装和公装中设计上的交叉，很多施工都是通用的。

隔墙施工

一、骨架隔墙

骨架隔墙内部都是运用不同材质的龙骨来做隔墙内部的结构，让隔墙更加稳固，在龙骨中间填充保温、隔音或吸音材料会使空间更加具有保温性和私密性。

❶ 轻钢龙骨隔墙施工

步骤一　定位放线

按图纸的设计要求，弹出隔墙的四周边线，同时按罩面板长宽分档，以确定竖向龙骨、横撑龙骨及附加龙骨的位置。原建筑基面有凸凹不平的现象，要进行处理，保证龙骨安装后的平整度。

步骤二　安装踢脚板

如设计要求设置踢脚板，则应按照踢脚板的详图先进行踢脚板施工。将地面凿毛清扫后，立模洒水浇筑混凝土。踢脚板施工时，应预埋防腐木砖，以方便沿地龙骨固定。

步骤三　固定边龙骨

① 龙骨边线应与弹线重合。在 U 形沿地、沿顶龙骨与建筑基面接触处，先要铺设橡胶条、密封膏或沥青泡沫塑料条，再用射钉或金属膨胀螺栓沿地、沿顶龙骨固定，也可以采用预埋浸油木模的固定方式。固定点与龙骨端头的距离为50mm，间距不大于 600mm。

② 对于圆曲形墙面，需要沿地、沿顶龙骨在背面中心部位断开，剪成齿状，根据曲面要求，将其弯曲后固定。对于半径为 900~2000mm 的曲面墙，竖向龙骨的间距宜为 150~200mm 左右；当半径大于或等于 2500mm 左右时，竖向龙骨间距宜为 300mm 左右。石膏板宜

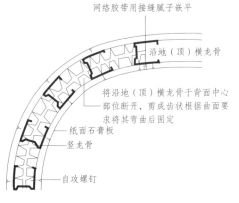

楔形边板接缝粘贴 50mm 宽玻璃纤维网络胶带用接缝腻子嵌平

沿地（顶）横龙骨

将沿地（顶）横龙骨于背面中心部位断开，剪成齿状根据曲面要求将其弯曲后固定

纸面石膏板

竖龙骨

自攻螺钉

▲ 圆曲形墙面构造示意图

横向安装，当圆弧半径为 900mm 时，可采用 9mm 厚石膏板；当圆弧半径为 1000mm 时，可采用 12mm 厚石膏板；当圆弧半径为 2000mm 时，可采用 15mm 厚石膏板。

小贴士

安装边龙骨的注意事项

① 如果沿地龙骨安装在踢脚板上，应等踢脚板养护到期达到设计强度后，在其上弹出中心线和边线。

② 固定地龙骨时，如果已预埋木砖，应将地龙骨用木螺钉钉结在木砖上；如果无预埋件，则用射钉进行固定，或先钻孔后再用膨胀螺栓进行连接固定。

步骤四　安装竖向龙骨

① 沿地、沿顶龙骨固定好后，按两者间的净距离切割 C 形竖向龙骨。竖向龙骨高度应比实际隔墙高度短 15mm，以便竖向龙骨顺利滑动就位于沿地、沿顶龙骨之间。

② 根据设计要求确定竖向龙骨的间距，如用 9.5mm 厚的石膏板，竖向龙骨最大间距可定为 400mm；如用 12mm 厚的石膏板，竖向龙骨最大间距可定为 600mm。然后，将切割好的竖向龙骨依次推入沿地和沿顶龙骨间，待位置及垂直度调整好后，将上下两端与沿地及沿顶龙骨用 ϕ4mm、长度为 13mm 的抽芯拉铆钉固定。

③ 竖向龙骨的接长，可将 U 形龙骨套在 C 形龙骨的接缝处，用抽芯拉铆钉或自攻螺钉固定。边龙骨与墙体间也要先进行密封处理，再进行固定，最后安装横撑龙骨。选用通贯龙骨时，低于 3000mm 的隔墙安装一道，3000~5000mm 的隔墙安装两道，5000mm 以上的隔墙安装三道。

④ 在隔断墙上设置门窗、配电箱、消防栓、水盆、灯具等各种附属设备及吊挂件时，均应按设计要求，在安装框架时附加预埋龙骨。

▲ 安装竖向龙骨

▲ 安装通贯龙骨

小贴士

墙体内穿电线的技巧

当隔墙墙体内需穿电线时，竖向龙骨制品一般设有穿线孔，电线及 PVC 管可通过竖龙骨上切口穿插。同时，装上配套的塑料接线盒或用龙骨装置成配电箱等。

步骤五　填充隔声材料

一般采用玻璃棉或 30~100mm 厚的岩棉板进行隔声、防火处理；采用 50~100mm 厚的苯板进行保温处理。填充材料应铺满铺平。铺放墙体内的玻璃棉、岩棉板、苯板等填充材料，应与安装另一侧纸面石膏板同时进行。

步骤六　安装石膏板

① 安装石膏板时，应从板的中部向板的四周固定。石膏板用直径为 3.5~4.0mm、长度为 25~35mm 的自攻螺钉固定，间距不应大于 200mm，螺钉与板边缘的距离应为 10~15mm。钉头埋入板内 1~2mm，但不得损坏纸面，然后涂饰防锈漆，钉眼用石膏腻子抹平。为增强隔声效果和减小安装自攻螺钉时对另一侧自攻螺钉的振动，两侧石膏板应错缝安装，使接缝不落在同一根龙骨上。

② 当需要安装两层石膏板时，两层板缝也应错开。石膏板宜竖向铺设，长边接缝应落在竖龙骨上，这样可以提高隔断墙的整体强度。对于有防潮、防水要求的墙体，应按设计规定设置墙垫，并用防水性能高的纤维增强水泥平板或耐水石膏板安装，同时对墙面进行防水处理。

▲ 安装石膏板

步骤七　嵌缝

① 纸面石膏板接缝一般有平缝、凹缝和压条缝。一般在平缝情况下，接缝处应适当留缝 5mm，并且必须使坡口与坡口相接。

② 接缝内尘土清除干净后，刷一道 50% 浓度的 107 胶水溶液粘贴嵌缝带；在做阳角处理时，阳角应粘贴两层嵌缝带，角的两边均要拐过 100mm，粘贴方法同平缝处理。当设计要求做金属护角条时，按设计要求的部位、高度，先刮一层腻子，然后用镀

锌钉固定金属护角条，并用腻子刮平。正常情况下，嵌缝膏要刮三层，且每一层批刮后的间隔时间为 4~6h，每一层批刮的宽度要比上一层宽 50mm。

③ 勾明缝时，要将胶粘剂及时刮净，保持明缝顺直清晰。

▲ 嵌缝

② 木龙骨隔墙现场施工

步骤一　施工准备

① 木龙骨一般可采用松木或杉木。常用的木龙骨有截面为 50mm×80mm 或 50mm×100mm 的单层结构，也有 30mm×40mm 或 40mm×60mm 的双层或单层结构。骨架所用木材的树种、材质等级、含水率以及防腐、防火处理，必须符合设计要求和有关规定。

② 在施工前，应先对主体结构、水暖、电气管线位置等工程进行检查，其施工质量应符合设计要求。

③ 在原建筑主体结构与木隔断交接处，按 300~400mm 间距预埋防腐木砖。

④ 胶粘剂应选用木类专用胶粘剂，腻子应选用油性腻子，木质材料均需涂刷防火涂料。

步骤二　定位弹线

① 根据设计图纸，在地面上弹出隔墙中心线和边线，同时弹出门窗洞口线。设计有踢脚线时，要弹出踢脚台边线。先施工踢脚台，踢脚台完工后，弹出下槛龙骨安装基准线。

② 施工前需要在地面上，弹出隔断墙的宽度线与中心线，并标出门、窗的位置，然后用线坠将两条边缘线和中心线的位置引到相邻的墙上和棚顶上，找出施工的基准点和基准线。通常按 300~400mm 的间距在地面、棚顶面和墙面上打孔，预设浸油木砖或膨胀螺栓。

小贴士

施工要点

原建筑墙身的平整度与垂直度可以用垂线法和水平法来检查。误差在 10mm 以内的墙体，可重新抹灰修正；如果误差大于 10mm，则要在建筑墙体与龙骨架之间加木垫块来调整。

步骤三　固定龙骨固定点

① 定位线弹好后，如结构施工时已预埋了锚件，则应检查锚件是否在墨线内。偏离较大时，应在中心线上重新钻孔，打入防腐木模。

② 门框边应单独设立筋固定点。隔墙顶部如未预埋锚件，则应在中心线上重新钻固定上槛的孔眼。下槛如有踢脚台，则锚件应设置在踢脚台上，否则应在楼地面的中心线上重新钻孔。

▲ 固定龙骨固定点

步骤四　固定木龙骨

① 先安装靠墙立筋，再安装上下槛。把上槛沿弹好的宽度线在顶棚用铁钉固定，两端要紧顶靠墙立筋。下槛沿地面上弹出的定位线安装，用铁钉固定在预埋的木砖上，两端顶紧靠墙立筋底部，然后在下槛上面画出其他竖向立筋的位置线。

② 中间的竖向立筋之间的间距，是根据罩面板材的宽度来决定的，一般为400~600mm。要使罩面板材的两头都搭在立筋上，并胶钉牢固。立筋要垂直安装，在竖向立筋上，每隔300mm左右应预留一个安置管线的槽口。将立筋上下端顶紧上下槛，然后用钉子斜向钉牢。

③ 安装横撑及斜撑。在竖向龙骨上弹出横向龙骨的水平线，横向间距为400~600mm。先安装横向龙骨，再安装斜撑，其长度应大于两竖向龙骨间距的实际尺寸，并将其两端按反方向锯成斜面，楔紧钉牢。

④ 遇有门窗的隔断墙，在门窗框边的立筋应加大断面，或者把两根立筋并起来使用，或者竖向立筋用18mm细木工板进行固定。

⑤ 在隔墙龙骨的安装过程中，要同时将隔墙内的线路布好，座盒等部位应加设木龙骨使其装嵌牢固，其表面应与罩面板齐平。

步骤五　铺装罩面板

① 木骨架板材隔断墙的罩面板多采用胶合板、细木工板、中密度纤维板或石膏板等。需要填充的吸音、保温材料，其品种和铺设厚度要符合设计要求。

② 安装罩面板时，应从中间开始向外依次胶钉，固定后要求表面平整、无翘曲、无波浪。与罩面板接触的龙骨表面应刨平刨直，横竖龙骨接头处必须平整，其表面平整度不得大于3mm。背面应进行防火处理。

③ 钉帽应钉入板内，但不得使钉穿透罩面板，不得有锤痕留在板面上，板的上口应平整。安装罩面板用的木螺钉、连接件、锚固件应做防锈处理。用普通圆钉固定时，钉距为80~150mm，钉帽要砸扁，冲入板面0.5~1.0mm。采用钉枪固定时，钉距为80~100mm。

④ 面层做清漆时，施工前应挑选木纹、颜色相近的板材，以确保安装后美观大方。

⑤ 隔墙罩面板固定的方式有明缝固定、拼缝固定和木压条固定三种，见下表。

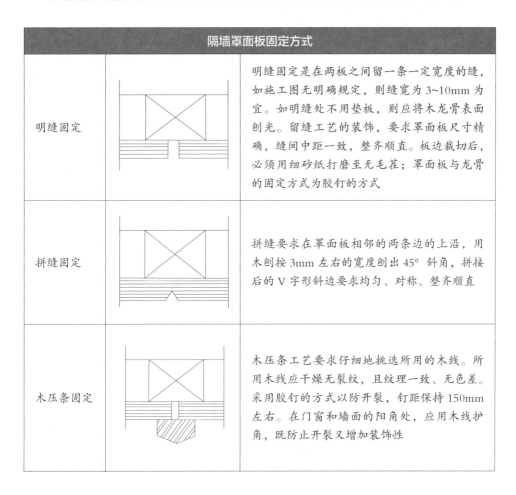

隔墙罩面板固定方式		
明缝固定		明缝固定是在两板之间留一条一定宽度的缝，如施工图无明确规定，则缝宽为 3~10mm 为宜。如明缝处不用垫板，则应将木龙骨表面刨光。留缝工艺的装饰，要求罩面板尺寸精确，缝间中距一致，整齐顺直。板边裁切后，必须用细砂纸打磨至无毛茬；罩面板与龙骨的固定方式为胶钉的方式
拼缝固定		拼缝要求在罩面板相邻的两条边的上沿，用木刨按 3mm 左右的宽度刨出 45° 斜角，拼接后的 V 字形斜边要求均匀、对称、整齐顺直
木压条固定		木压条工艺要求仔细地挑选所用的木线。所用木线应干燥无裂纹，且纹理一致、无色差。采用胶钉的方式以防开裂，钉距保持 150mm 左右。在门窗和墙面的阳角处，应用木线护角，既防止开裂又增加装饰性

小贴士

施工要点

① 安装罩面板前，应对龙骨进行防火、防蛀处理，隔墙内管线的安装应符合设计要求。

② 板条隔墙在板条铺钉时的接头应落在立筋上，其断头及中部每隔一根立筋应用 2 颗圆钉固定。板条的间隙宜为 7~10mm，板条接头应分段交错布置。

二、板材隔墙

❶ 泰柏板隔墙施工

步骤一 墙位放线

按照设计图纸确定隔墙位置。在主体结构楼地面、顶面和墙面弹出水平中心线和竖向中心线，并弹出边线（双面），如墙体已经抹灰，应剔去抹灰层。

步骤二 预排

量准房间净高、净宽和门口的宽、高（外包），将隔墙板材平摆在楼地面上进行预拼装排列，定出板材的安装尺寸，弹线，按线切割。

步骤三 安装

在主体结构墙面中心线和边线上，每隔 500mm 钻 ϕ 6 孔，压片，一侧用长度 350~400mm 的 ϕ 6 钢筋码，当钻孔打入墙体内，泰柏板靠钢筋码就位后，将另一侧 ϕ 6 钢筋码，以同样的方法固定，夹紧泰柏板，两侧钢筋码与泰柏板横筋绑扎。泰柏板与墙、顶、地拐角处，应设置加强角网，每边搭接不少于 100mm（网用胶粘剂点粘），埋入抹灰砂浆内。

步骤四 嵌缝

泰柏板之间的立缝可用水泥、胶和水混合成的水泥素浆胶粘剂涂抹嵌缝。

步骤五 隔墙抹灰

先在隔墙上用 1：2.5 水泥砂浆打底，要求全部覆盖铁丝网，表面平整，抹实。48h 后用 1：3 的水泥砂浆罩面，压光。抹灰层总厚度为 20mm，先抹隔墙的一面，48h 后再抹另一面。抹灰层完工后，3 天内不得受任何撞击。

❷ GRC 板轻质隔墙砌筑

步骤一 切割隔墙板

GRC 轻质隔墙板的宽度在 600~1200mm，长度在 2500~4000mm。将所购买的隔墙板预排列在墙面中，并根据其尺寸计算用量，多余的部分使用手持电锯切割掉。

步骤二 定位放线

① 使用卷尺测量 GRC 轻质隔墙板的厚度。常见的隔墙板厚度有 90mm、120mm、150mm 三种规格。

② 在砌筑 GRC 轻质隔墙板的轴线上弹线，按照隔墙板厚度弹双线，分别固定在上下两端。

步骤三 安装

① 无门洞口时，由外向内安装；有门洞口时，由门洞口向两边安装。门洞口边应使用整板。

② 将条板侧抬至梁、板底面弹有安装线的位置，将粘结面用备好的水泥砂浆全部涂抹，两侧做八字角。

③ 竖板时，一人在一边推挤，一人在下面用撬棍撬起，挤紧缝隙，以挤出胶浆为宜。在推挤时，注意板面找平、找直。

④ 安装好第一块条板后，要检查粘结缝隙的大小，以不大于 15mm 为宜。合格后，用木楔楔紧条板底、顶部，用刮刀将挤出的水泥砂浆补齐刮平。然后以安装好的第一块板为基础，按第一块板的方法开始安装整墙条板。

▲ GRC 轻质隔墙板

▲ 完成图

❸ 石膏复合板隔墙施工

步骤一 墙位放线

按照设计图纸在楼地面、墙面、顶面和主体结构墙面弹出定位中心线和边线，并弹出门窗口线。

步骤二 墙基施工

墙基施工前，楼地面应进行毛化处理，并用水湿润，现浇墙基混凝土。

步骤三　预排

量准隔墙净空高度、宽度及门窗口尺寸，在地面上进行预排列。设有门窗的隔墙，应先安装窗口上、下和门上的短板，再按顺序安装门窗口两侧的隔墙板。如最后剩余墙宽不足整板，则按实际墙宽补板。

步骤四　安装

复合板安装时，在板的顶面、侧面和板与板之间均匀涂抹一层胶粘剂，然后上、下顶紧，侧面要严实，缝内胶粘剂要饱满。板下所塞木楔，一般不撤除，但也不得露出墙外。第一块复合板安装好后，要检查其垂直度，继续安装时，必须上、下、横面靠检查尺，并与板面找平。当板面不平时，应及时纠正。复合板与两端主体结构连接应牢固。

步骤五　嵌缝

复合板的缝隙应使用水泥素浆胶粘剂嵌缝。

小贴士

安装复合板的技巧

安装一道复合板，露明于房间一侧的墙面必须平整，在空气层一侧的墙板接缝，要用胶粘剂勾严密封，安装另一面的复合板前，插入电气设备管线安装工作，第二道复合板的板缝要与第一道墙板缝错开，并应使露明于房间一侧的墙面平整。

---

④ 石膏空心条板隔墙施工

步骤一　墙位放线

做石膏空心条板隔墙时，墙位放线的方法与做泰柏板隔墙相同。

步骤二　安装

从门口通天框开始进行墙板安装，安装前在板的顶面和侧面刷涂水泥素浆胶黏

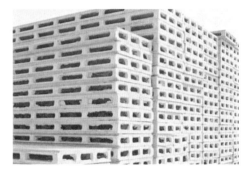

▲ 石膏空心条板

剂，然后先推紧侧面，再顶牢顶面，板下侧 1/3 处垫木楔，并用靠尺检查垂直、平整度。踢脚线施工时，用 108 胶水泥浆刷至踢脚线部位，初凝后用水泥砂浆抹实压光。饰面可根据设计要求，做成喷涂油漆或贴墙纸等饰面层。也可用 108 胶水泥浆刷涂一道，抹一层水泥混合砂浆，再用纸筋灰抹面，再喷涂色浆或涂料。

小贴士

安装隔墙板的技巧

在安装隔墙板时，一定要注意使条板对准预先在顶板和地板上弹好的定位线，并在安装过程中随时用 2m 靠尺及塞尺测量墙面的平整度，用 2m 托线板检查板的垂直度。

粘结完毕的墙体，应在 24h 以后用 C20 干硬性细石混凝土将板下口堵严，当混凝土强度达到 10MPa 以上，撤去板下木楔，并用同等强度的干硬性砂浆灌实。

步骤三 嵌缝

板缝用石膏腻子处理，嵌缝前先刷水湿润，再嵌抹腻子。

小贴士

施工注意事项

① 墙位放线应准确、清晰。隔墙上下基层应平整、牢固。

② 板材隔墙安装拼接应符合设计和产品构造要求，安装时应采用简易支架。

③ 所用的金属件应进行防腐处理，所用拼接芯材应符合防火要求。

④ 在板材隔墙上开槽、打孔应使用云石机切割或电钻钻孔，不得直接剔凿和用力敲击。

三、砖砌隔墙

砖砌隔墙的施工主要内容包含红砖在不同位置的施工。

扩展知识

砌筑施工质量要求

① 施工前先用墨斗弹出统一的水平线、房间地面整体的纵横直角线、墙体垂直线。

② 砖、水泥、沙子等材料应尽量分散堆放在施工时方便可取之处，避免二次搬运，绝对不能全部堆放在一个地方，同时水泥应做好防水防潮措施。砖应提前 1~2 天浇水润湿，以阴湿进砖表面 5mm 为佳。

③ 应拉线砌砖，以保证每排砖缝水平、主体垂直，不得有漏缝砖，每天砌砖的高度不得超过 2m。砖墙不能一天内直接砌到顶，必须间隔 1~2 天，到顶后原顶白灰必须预先铲除后方可施工，最顶上一排砖必须按 45° 斜砌，并按照反向安装收口，墙壁面应保持整洁。

④ 组砌方法应正确。砌筑时要"对孔、错缝反砌"；砌筑操作时要采用"三一"砌法，即"一铲灰、一块砖、一挤揉"。

⑤ 新旧墙连接处，每砌 600mm 应插入 1 根 ϕ6mm 的 L 形钢筋，其长度不得少于 400mm。

▲ 材料分区摆放

▲ 拉线砌墙

钢筋入墙体或柱内须用植筋胶固定。新旧墙表面的水平或直角连接必须用钢丝网加强防裂处理，两边宽度不得少于150mm，并应牢固固定。

⑥ 卫生间及厨房必须设地梁，地梁处必须清除原有的防水层，不能在原有的防水层或者砂浆层上直接砌筑。地梁的高度不得低于150mm，宽度一般与砖的宽度相同即可。浇筑地梁前应先冲洗地面，并用素水泥浆做结合处理。

⑦ 砖砌体要上下错缝、内外搭接。实心砖砌体一般采用"一顺一丁"的砌筑形式，不得"游丁走缝"，不应有小于三分头的砖渣。砌体砖水平灰缝的砂浆要饱满，实心砌体砖砂浆饱满度不得低于80%。

⑧ 竖向灰缝宜采用挤浆或加浆的方法，使其砂浆饱满。砖砌体的水平灰缝宽度一般为9~11mm，立缝为6~8mm。

⑨ 砖砌体的转角处和交接处应同时砌筑，临时间断处砌成踏步槎（不允许全部留直槎）。接槎时，必须将接槎处的表面清洗干净、浇水湿润、填实砂浆，保持灰缝平直。抗震地区按设计要求应有墙压筋500mm一道，组合柱处按"5出5进"留马牙槎。

⑩ 框架结构房屋的填充墙与框架中预埋的拉结筋应相互连接。

⑪ 每层承重墙的最上面一批砖、梁或梁垫的下面、砌体的台阶水平面，以及砖砌体的挑出层（挑檐、腰线等）应为整砖丁砌层。

① 砖体墙砌筑施工

步骤一　砖浇水养护

在砌筑施工的前一天，应用水管对砖体浇水湿润。一般以水浸入砖四边15mm为宜，不可在同一位置反复浇水，浇水量不可过大，以含水率10%~15%为宜。在新砌墙体和原结构接触处，需浇水润湿，以确保砖体的粘接牢固度。

▶ 原结构处浇水润湿

小贴士

不同季节的砖体浇水

雨季时，砖体的浇水养护主要以湿润为目的；非雨季时，浇水养护主要以增加砖体的浸水度为目的。

步骤二　挂线

在预计施工的区域设置垂直和水平的基准线，以确保砌砖过程中不会发生倾斜的施工步骤叫作挂线。

▲ 放垂直基准线

▲ 放水平基准线

小贴士

挂线技巧

砌筑一砖半及以上墙体时必须双面挂线，中间应设若干支线点。线要拉紧，每层砖都要穿线看平，从而使得水平缝均匀一致、平直通顺。

步骤三　墙体拉结钢筋

墙体拉结钢筋的作用是增强房屋的整体性和协同性，同时对于防止房屋由于不均匀沉降和温度变化而引起裂缝具有一定作用。新砌墙体时，从下至上每隔600mm

处，在原墙体上植入一道钢筋（2根），植筋布入新墙体的深度不得小于500mm。

小贴士

新旧墙体转角连接技巧

新砌砖墙与旧砖墙转角 90°连接时，需要在转角交接处每隔2~3层砖用L形的钢筋连接固定。

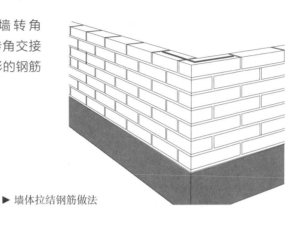

▶ 墙体拉结钢筋做法

步骤四 砌筑

① 砌砖宜采用一铲灰、一块砖、一挤揉的"三一"砌砖法，即"满铺满挤"操作法。砌砖一定要按照"上跟线、下跟棱，左右相邻要对平"的方法砌筑。

② 水平灰缝宽度和竖向灰缝宽度一般为10mm，但不应小于8mm，也不应大于12mm。

③ 砌筑砂浆应随搅拌随使用。水泥砂浆必须在3h内用完；水泥混合砂浆必须在4h内用完，不得使用过夜砂浆。

④ 当墙体砌筑至楼板或梁的底部时，应采用顶部砖斜砌工艺，这样不仅可以提高墙体的稳定性，还能解决墙体上部易开裂的问题。

⑤ 墙体下部做防潮止水梁，通常在潮湿区域的高度为300mm，非潮湿区域的高度为180~200mm。止水梁不仅能够提高墙体的稳定性，还能解决地面与墙体下部防潮、防渗、防霉的问题。

▲ 砌筑完成效果

小贴士

砖墙的砌筑方式

▲ 240mm 厚砖墙
一顺一丁式

▲ 240mm 厚砖墙
多顺一丁式

▲ 240mm 厚砖墙
十字式

▲ 120mm 厚砖墙

▲ 180mm 厚砖墙

▲ 370mm 厚砖墙

步骤五　安装门洞过梁

新砌墙体的门洞必须使用预制过梁或者内置钢筋的现浇过梁。过梁与墙体的搭接长度不得小于 150mm，以 200mm 为宜，以确保不会因为门头下沉造成门闭合不畅。

▲安装门洞过梁

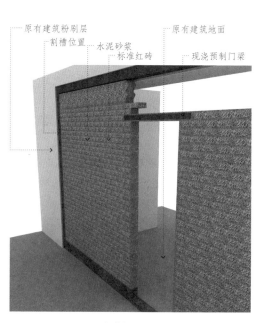

原有建筑粉刷层　　原有建筑地面
割槽位置　　水泥砂浆
标准红砖　　现浇预制门梁

▲安装门洞过梁三维图

步骤六　挂网

有些墙体需要挂网，如新砌墙体、新旧墙面的连接处、轻质隔墙、红砖墙、墙面开槽处等。

▲ 挂网剖面图

▲ 挂网三维图

步骤七　抹灰

① 做灰饼：在墙面的一定位置上涂抹砂浆团，以控制抹灰层的平整度、垂直度和厚度。

② 标筋（也称冲筋）：在上下灰饼之间抹上砂浆带，同样起控制抹灰层平整度和垂直度的作用。

③ 通常抹灰分为三层，即底灰（层）、中灰（层）、面灰（层）。抹面灰之前，应先检查底层砂浆有无空裂现象，如有空裂，应剔凿返修后再抹面层灰；另外应注意底层砂浆上的尘土、污垢等，应先清净、浇水湿润后，方可进行面层抹灰。

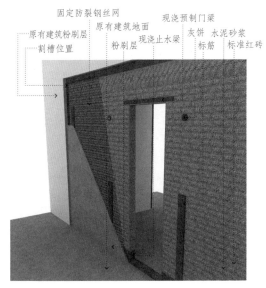

▲ 抹灰

▲ 抹灰三维图

❷ 包立管

包立管即包管道井，是指给所有上下水管做好防结露、保温以及隔声处理。其目的一是美观，二是隔声。

步骤一　清理基层

包立管前要先清理基层，保证基层整洁。同时，基层和砌筑用的砖体需要提前润湿。

步骤二　浇筑止水梁

根据墙体厚度和位置用水泥砂浆浇筑反梁并进行维护。

小贴士

包立管施工顺序

包立管的施工应该在房间地面、吊顶、墙面施工前完成，否则会对其他工序产生影响。

步骤三　包消音棉

将上下水管用消音棉包裹，保留水管检修口，然后使用柔性绷带，再次包缠已进行隔声处理的水管，固定好消音棉，防止日久脱落。这种组合方式的吸声降噪效果较好，同时能够缓和水管内外的温差，降低管壁表面结露的概率，具有较好的防潮功能。

扩展知识

包横管的施工方法

立管包完之后，顶面的横管同样需要包管，而且横管产生噪声的可能性更大，更容易有结露现象。如果卫生间安装了吊顶，那么横管产生的结露还容易在吊顶的面层和龙骨架下形成水滴，从而引起霉变和腐蚀。

步骤四　砌筑砖墙

严禁使用将碎砖块与水泥砂浆直接填塞缝隙的方式包管道。砌筑方式为砖体内侧贴管道错缝砌筑，直角处轻体砖槎接；各交界面灰浆填充饱满；管道应预留检修口。

▲ 砌筑砖墙

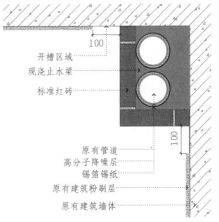

▲ 砌筑砖墙剖面图

步骤五 定位固定钢筋

拉墙筋要隐藏在砖体之中，每500mm的距离需加固一道，防止砖体收缩伤害到管道，并且保证砖体与管道之间保持10mm的收缩缝。

步骤六 固定钢丝网

钢丝网要满挂，按照从上到下、从阳角到两边的顺序施工；要一边挂网，一边固定，防止钢丝网脱落。需要注意的是，砌体与原墙交接处或阴角处的钢网搭接宽度不得小于100mm。

▲ 固定钢丝网

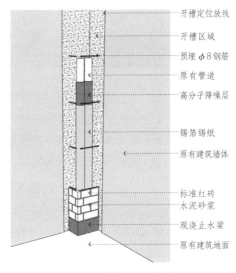

▲ 固定钢丝网透视图

步骤七　粉刷砂浆

包立管时，粉刷砂浆需要分层进行。在固定好钢丝网后，需要先粉刷一层水泥砂浆，之后还需涂抹防水层（防水层要刷两遍），最后涂刷一层水泥砂浆以便进行后续施工。

步骤八　铺贴饰面材料

在粉刷完砂浆之后，要先阴干，然后可进行饰面处理操作。饰面处理既可以铺贴墙砖，也可以刷乳胶漆。刷乳胶漆时要先做石膏找平处理。

▲ 粉刷砂浆

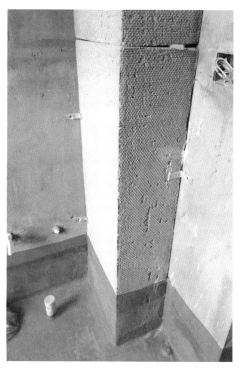

▲ 刷乳胶漆

小贴士

砌砖法包立管的优点

采用砌砖法包立管具有隔声性好、不易变形的特点，但同时也存在结构层较厚、占用空间较多的问题。

四、玻璃隔断墙

玻璃隔断墙更多用于公装设计中，家装中多用于客厅与餐厅中间、餐厅与厨房中间这类私密性较弱的空间。

❶ 玻璃砖隔墙现场施工

步骤一　隔墙定位放线

按照设计方案在相应位置弹好墙面的中心线和边线，同时要引测到两边墙体和楼底板面。

步骤二　踢脚台施工

踢脚台的结构构造如为混凝土，应将楼板凿毛、立模，洒水浇筑混凝土；如为砖砌体，则可按踢脚台的边线，砌筑砖踢脚。在踢脚台施工中，两端应与结构墙锚固并按设计要求的间距预埋防腐木砖。表面应用 1∶3 的水泥砂浆抹平、收光，进行养护。

步骤三　检查预埋件

① 隔墙位置线弹好后，应检查两侧墙面及楼底面上预埋木砖或铁件的数量和位置，如预埋件偏离中心线很大，则应按隔墙的中心线和锚件设计间距钻膨胀螺栓孔。

② 预埋件与预埋件之间的距离应保持一致，若一段长一段短，会导致玻璃砖隔墙发生不牢固的现象。

步骤四　玻璃砖砌筑

按照设计图纸计算使用的砖数。如采用框架，则应先做金属框架。每砌一层，用水泥∶细砂∶水玻璃 =1∶1∶0.06（质量比）的砂浆，按水平、垂直灰缝 10mm，拉通线砌筑，灰缝砂浆应满铺、满挤。在每一层中，将两个 ϕ6mm 钢筋，放置在玻璃砖中心的两边，压入砂浆的中央，并将钢筋两端与边框电焊牢固。每砌完一层后，要用湿布将玻璃砖面沾着的水泥浆擦抹干净。

玻璃砖一般用白水泥砂浆砌筑，配合比宜为 1∶2~1∶2.5。玻璃砖应砌在钢筋网格内，每砌完一度玻璃砖，即用 1∶2 白水泥白石渣浆灌缝。水平灰缝厚度及垂直灰缝宽度应控制在 10mm 左右。全都砌完后用白水泥稠浆勾缝。

步骤五　勾缝

玻璃砖砌完后，即进行表面勾缝。先勾水平缝，再勾竖缝，勾缝深浅应一致，表面要平滑。如要求做平缝，可用抹缝的方法将其抹平。在勾缝和抹缝完毕后，应用抹布或棉纱将砖表面擦抹明亮。

步骤六　饰边

当玻璃砖墙没有外框时，需要进行饰边处理，有木饰边和不锈钢饰边等。

❷ 有框落地玻璃隔墙施工

步骤一　墙位放线

按照设计方案在相应位置弹好墙面的中心线和边线，同时要引测到两边墙体和楼底板面，标出竖框间隔和固定点位置。

步骤二　铝合金型材划线、下料

确认好隔墙的尺寸，如果施工图纸中的尺寸与实际误差不大于 5mm 的，可以进行施工。如果超过误差范围，则需要按实际尺寸进行施工。下料要根据画线工序的情况，将铝合金型材切割，要注意切口要平滑、整齐。

▲ 有框落地玻璃隔墙

步骤三　组装、固定框架

固定框架时，组合框架的立柱上、下端应嵌入框顶和框底的基体内 25mm 以上，转角处的立柱嵌固长度应在 35mm 以上。框架连接采用射钉、膨胀螺栓、钢钉等紧固时，其紧固件离墙（或梁、柱）边缘不得少于 50mm，且应错开墙体缝隙，以免紧固失效。

步骤四　安装玻璃

玻璃不能直接嵌入金属下框的凹槽内，应先垫氯丁橡胶垫块（垫块宽度不能超过玻璃厚度，长度根据玻璃自重决定），然后将玻璃安装在框格凹槽内。

步骤五　清洁

清洁是安装的最后一步，用抹布擦拭，第一次要添加丁酮，第二次用干净的抹布即可。

❸ 无竖框玻璃隔墙施工

步骤一　弹定位线

根据图纸，弹出地面位置线，再弹结构墙面（或柱）上的位置线以及顶部吊顶标高。

▲ 安装好的无框玻璃隔墙

步骤二　安装框架

如果结构面上没有预埋铁件，或预埋铁件位置不符合要求，则按位置中心钻孔，埋入膨胀螺栓，然后将型钢按已弹好的位置安放好。型钢在安装前应刷好防腐涂料，焊好后在焊接处再刷防锈漆。

步骤三　安装大玻璃、玻璃肋

先安装靠边结构边框的玻璃，将槽口清理干净，垫好防振橡胶垫块。玻璃之间应留2~3 mm 的缝隙或留出与玻璃肋厚度相同的缝，以便安装玻璃肋和打胶。

步骤四　嵌缝打胶

玻璃板全部就位后，校正其平整度和垂直度，同时在槽内两侧嵌橡胶压条，从两边挤紧玻璃，然后打硅酮结构胶。注胶一定要均匀，注胶完毕后用塑料刮刀在玻璃的两面刮平玻璃胶，然后清理玻璃表面的胶迹。

步骤五　边框装饰

如果边框嵌入地面和墙（或柱）面的饰面层中，则在做墙（或柱）面和地面饰面时，应沿接缝精细操作，确保美观。如果边框没有嵌入地面和墙（或柱）面，则应另用胶合板做底衬板，将不锈钢等金属材料粘贴于衬板上，使其光亮、美观。

步骤六　清洁

无框玻璃安装好以后，应使用棉纱蘸清洁剂擦去玻璃两面的胶迹和污染物，再在玻璃上粘贴不干胶纸带，以防碰撞。

第二节
吊顶施工

一、平吊顶

平吊顶是室内空间中较为常见的形式，适用于大部分空间中。

步骤一　定高度、弹线

① 吊顶的高度与灯具厚度、空调安装形式以及梁柱大小有关，在计算高度时应预留设备安装和维修的空间。

② 根据吊顶的预留高度，围绕墙体一圈弹基准线。

步骤二　固定边龙骨

① 使用电锤在基准线上打孔，每隔 400mm 钻一个孔，并在孔槽中插入木塞。

② 围绕基准线的一周安装木龙骨，使用水泥钉或钢钉将木龙骨固定在木塞上，而且每个木塞中都要固定两根水泥钉。

▲ 基准线上打孔

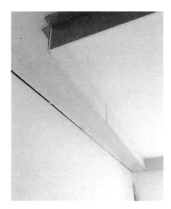

▲ 固定边龙骨

步骤三　固定吊筋

① 根据平吊顶的下吊距离制作 T 字形吊筋，通常吊筋的高度为 40mm。木龙骨的 T 字形连接处采用气枪钉斜向 45° 进行固定。

② 将吊筋固定在吊顶中，每隔 600mm 固定一个，在安装吊灯的位置还需增加细木工板加以固定。

步骤四　安装木龙骨

将横向木龙骨固定在边龙骨和木吊筋上，要求安装距离保持一致。然后安装纵向木龙骨，直接将其固定在横向木龙骨上，并保持同样的间距。

▲吊灯位置加固

▲ 安装木龙骨

步骤五　安装石膏板

从吊顶的阴角处开始安装，将石膏板顶在两侧的墙体中，将磷化处理后的自攻螺钉固定在木龙骨骨架上（尽量不用气枪钉固定，以防止后期乳胶漆施工导致钉眼生锈），之后依次排列并安装石膏板。

▲ 安装石膏板

小贴士

石膏板接缝注意事项

石膏板接缝处不允许在对角线上十字搭接，以避免乳胶漆漆面出现开裂的情况。

二、回字形吊顶

回字形吊顶的四周通常内含灯带，在空间中多以叠级的形式出现。

步骤一　定高度、弹线

① 在距离顶面 40mm 的墙壁边上弹基准线，基准线需围绕墙壁一周。

② 在吊顶中，距离墙壁 450mm 处弹基准线，基准线需围绕吊顶一周。

步骤二　固定龙骨

① 在吊顶、墙壁边的基准线上钻眼，里面插入木塞。之后将木龙骨依次固定在吊顶、墙壁边的木塞上，使用气枪钉固定。

② 固定龙骨的同时，还要预留出暗藏灯带的灯槽。

步骤三　安装石膏板

先安装灯槽内的石膏板，将石膏板裁切成合适的尺寸，用气枪钉固定。然后安装底层石膏板，从阴角处开始安装，避免阴角处石膏板出现 45° 接缝。依次将所有石膏板安装固定。安装完成后还要检查吊顶的水平度是否符合要求，其标准是拉通线检查水平差不超过 5mm，使用 2m 靠尺时水平差不超过 2mm，板缝接口处高低差不超过 1mm。

▲ 安装木龙骨

▲ 安装石膏板

三、曲线吊顶

曲线吊顶不太建议设计在过小的空间中，会在视觉上造成拥挤，更加常用于公装中，部分中大型的家装空间中也会使用该吊顶形式。

步骤一　弹线

根据曲线吊顶的设计图纸，在吊顶的相应位置处依次弹出基准线，然后在基准线上固定边龙骨。

步骤二　制作框架

根据曲线吊顶节点大样图纸，使用细木工板制作曲线框架。曲线吊顶的曲线形状分为平面曲线和立体曲线。做平面曲线时可直接将副龙骨做出曲线形状，其上布置相应的主龙骨和吊筋；做立面曲线时，先用细木工板切割出曲线，再用相应的龙骨加以固定，外面用可弯曲的夹板面层包覆。

▲ 弧形框架　　　　　　　　　　　　▲ 拱形框架

步骤三　安装框架

安装结构层木龙骨时需要用气枪钉固定，再安装曲线吊顶的框架。根据设计图纸，将曲线吊顶的龙骨安装到位，并要检查牢固度。

步骤四　制作石膏板

制作弧形曲面石膏板，在弧度较小的情况下，可直接将石膏板弯成相应的弧度。在弧度较大的情况下，可少量喷水或擦水后将石膏板弯成相应的弧度，或者在背面用美工刀开出Ｖ形槽（纵向）再形成较大的弧度。若弧度非常大，则需采用木龙骨加密、用石膏板条拼接的工艺弯成相应的弧度。

步骤五　安装石膏板

先将弧形曲面石膏板安装在木龙骨框架中，使用气枪钉固定牢固，然后依次将平面石膏板固定在吊顶中。

▲ 安装弧形曲面框架

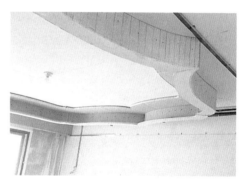

▲ 弧形石膏板条拼接

小贴士

曲线吊顶使用注意事项

当室内层高在 2.6m 及以下时，使用吊顶后会使室内空间变小。同时，也要避免家居建筑的曲线吊顶过分繁复华丽和商业化，这样可能会使家居空间丧失温馨的气氛。曲线吊顶更加适合运用在公装当中。

四、井格式吊顶

井格式吊顶让空间形式更加多变，丰富空间的结构，不论是公装还是家装都非常适用。

步骤一　弹线

根据设计图纸中标记的尺寸，在顶面中依次弹出基准线。基准线要求横平竖直，相邻的基准线之间保持平行。基准线施工质量的高低，直接影响井格式吊顶的成型样式。

步骤二　安装边龙骨

使用电锤在基准线上钻眼，并向里面插入木塞，再根据基准线和木塞的位置，依次安装边龙骨。

步骤三　安装吊筋

计算井格式吊顶的格数，然后制作相应数量的 T 字形木吊筋，将其固定在吊顶中的木龙骨上。

步骤四 安装龙骨

① 将横向龙骨安装在吊筋上，使用气枪钉固定。将纵向龙骨固定在横向龙骨上，预留出井格的位置。

② 若井格式吊顶设计有暗藏灯带，则龙骨框架需要增加200mm的宽度。

步骤五 安装石膏板

先安装纵向石膏板，将石膏板裁切成相应的尺寸，使用气枪钉将其固定在吊顶中。再安装横向石膏板，注意接缝处要严密，缝隙宽度不可超过2mm。

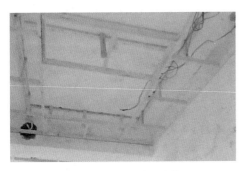

▲ 暗藏灯带的木龙骨安装

▲ 安装石膏板

五、镜面吊顶

镜面吊顶通过镜面的反射在一定程度上扩大了空间竖向上的高度，更加适用于高度过低的空间。

步骤一 切割镜子

① 根据设计图纸，将镜子切割成标准的尺寸。安装在吊顶中的镜子尺寸不可超过800mm×800mm，否则容易发生脱落现象。

② 在镜面上洒少量的水，用开孔器开孔，开好孔后，将镜子倾斜摆放在墙脚。

步骤二 安装龙骨

根据吊顶造型安装木龙骨框架，在安装有镜子的部分，增加9mm夹板，然后将9mm夹板用气枪钉固定在木龙骨上。

步骤三 安装石膏板

在吊顶中安装石膏板。要求石膏板与镜子接缝处的缝隙不可超过3mm。

步骤四　安装镜子

面积较小的镜子可直接用玻璃胶粘贴固定在 9mm 夹板上。注意玻璃胶必须选择中性胶，酸性玻璃胶会使玻璃变色，影响效果。面积较大的镜子需要使用广告钉固定，在镜子的四角分别固定广告钉，再配合使用玻璃胶密封。

六、实木梁柱吊顶

实木梁柱吊顶通过包裹等形式将梁柱等结构隐藏在空间中，统一整体空间的色调。

步骤一　切割细木工板

根据设计图纸的长、宽、高尺寸，切割细木工板和木龙骨。

步骤二　施工准备

① 木龙骨一般可采用松木或杉木。常用的木龙骨有截面有 50mm×80mm 或 50mm×100mm 的单层结构；也有 30mm×40mm 或 40mm×60mm 的双层或单层结构。骨架所用木材的树种、材质等级、含水率以及防腐、防火处理，必须符合设计要求和有关规定。

② 在施工前，应先对主体结构、水暖、电气管线位置等工程进行检查，其施工质量应符合设计要求。

③ 在原建筑主体结构与木隔断交接处，按 300~400mm 间距预埋防腐木砖。

④ 胶黏剂应选用木类专用胶黏剂，腻子应选用油性腻子，木质材料均需涂刷防火涂料。

步骤三　制作框架

① 紧贴顶面的木龙骨采用膨胀螺栓固定，使木龙骨和顶面水泥连接紧密。

② 安装纵向副龙骨时需要每隔 300mm 固定一个，高度以设计图纸为准。安装横向主龙骨时，应使用气枪钉将主龙骨固定在副龙骨上。在主龙骨和副龙骨之间，使用固定三角木方支架能够增加稳固性。

步骤三　粘贴木纹饰面板

将细木工板固定在木龙骨骨架上，用气枪钉固定牢固。在木纹饰面板的背面均匀地涂抹万能胶，将木纹饰面板直接粘贴在细木工板上。待万能胶风干后，将边角溢出的胶水擦拭干净即可。

第四章
涂饰施工

涂饰施工直接展示装修的效果，起到画龙点睛的作用。根据不同的饰面材料和施工方法，其装饰效果也更加多种多样。

第一节
涂料饰面施工

一、木作清漆

木作清漆保留了原木作物品表面纹理，加强了其光泽度，主要材料有光油、清油、酚醛清漆、铅油、醇酸清漆、石膏、大白粉、汽油、松香水、酒精、腻子等。

步骤一 基层处理

先将木材表面上的灰尘、胶迹等用刮刀刮除干净，但应注意不要刮出毛刺且不得刮破。然后用 1 号以上的砂纸顺木纹精心打磨，先磨线角、后磨平面直到光滑为止。当基层有小块翘皮时，可用小刀撕掉；如有较大的疤痕则应有木工修补；节疤、松脂等部位应用虫胶漆封闭，钉眼处用油性腻子嵌补。

步骤二 润色油粉

用棉丝蘸油粉反复涂于木材表面。擦进木材的棕眼内，然后用棉丝擦净，应注意墙面及五金上不得沾染油粉。待油粉干后，用 1 号砂纸顺木纹轻轻打磨，先磨线角后磨平面，直到光滑为止。

步骤三 刷油色

先将铅油、汽油、光油、清油等混合在一起过筛，然后倒在小油桶内，使用时要经常搅拌，以免沉淀造成颜色不一致。刷油的顺序应从外向内、从左到右、从上到下且顺着木纹进行。

步骤四 刷第一遍清漆

其刷法与油色相同，但刷第一遍清漆时应略加一些稀料撤光以便快干。

▲ 木作清漆涂刷

因清漆的黏性较大，最好使用已经用出刷口的旧棕刷，刷时要少蘸油，以保证不流、不坠、涂刷均匀。待清漆完全干透后，用 1 号砂纸彻底打磨一遍，将头遍漆面上的光亮基本打磨掉，再用潮湿的布将粉尘擦掉。

步骤五　拼色与修色

木材表面上的黑斑、节疤、腻子疤等颜色不一致处，应用漆片、酒精加色调配或用清漆、调和漆和稀释剂调配进行修色。木材颜色深的应修浅，浅的提深，将深色和浅色木面拼成一色，并绘出木纹。最后用细砂纸轻轻往返打磨一遍，然后用潮湿的布将粉尘擦掉。

步骤六　刷第二遍清漆

清漆中不加稀释剂，操作同第一遍，但刷油动作要敏捷、多刷多理，使清漆涂刷得饱满一致、不流不坠、光亮均匀。刷此遍清漆时，周围环境要整洁。

二、木作色漆

木作色漆色彩、深浅均匀一致，而其主要材料有光油、清油、铅油、调和漆、石膏、大白粉、红土子、地板黄、松香水、酒精、腻子、稀释剂、催干剂等。

步骤一　基层处理

除清理基层的杂物外，还应进行局部的腻子嵌补，打砂纸时应顺着木纹打磨。

步骤二　涂刷封底漆

封底涂料由清油、汽油、光油配制，略加一些红土子进行刷涂。待全部刷完后应检查一下有无遗漏，并注意油漆颜色是否正确，并将五金件等处沾染的油漆擦拭干净。

▲ 涂刷封底漆

步骤三　第一遍刮腻子

待涂刷的清油干透后将钉孔、裂缝、节疤以及残缺处用石膏油腻子刮抹平整。腻子要以不软不硬、不出蜂窝、挑丝不倒为准。刮时要横抹竖起，将腻子刮入钉孔或裂纹内。若接缝或裂缝较宽、孔洞较大，可用开刀或铲刀将腻子挤入缝洞内，使腻子嵌入后刮平收净，表面上腻子要刮光、无松散腻子及残渣。

步骤四　磨光

待腻子干透后，用1号砂纸打磨，打磨方法与底层打磨相同，但注意不要磨穿漆膜并保护好棱角，不留松散腻子痕迹。打磨完成后应打扫干净并用潮湿的布将打磨下来的粉末擦拭干净。

步骤五　涂刷

色漆的几遍涂刷要求，基本上与清漆一样，可参考清漆涂刷进行监控。

步骤六　打砂纸

待腻子干透后，用1号以下砂纸打磨。在使用新砂纸时，应将两张砂纸对磨，把粗大的砂粒磨掉，以免打磨时把漆膜划破。

步骤七　第二遍刮腻子

待第一遍涂料干透后，对底腻子收缩或残缺处用石膏腻子刮抹一次。

三、乳胶漆

乳胶漆施工在空间的不同位置，要注意其不同的施工要点，根据其涂刷位置的情况灵活涂刷。

❶ 顶面天花乳胶漆施工

步骤一　钉帽防锈处理

顶面石膏板在进行安装固定的时候，使用了大量的自攻钉，而这些金属钉帽必须做防锈处理。在这个环节中需要使用防锈漆对每个钉帽进行涂刷，从而避免钉帽生锈影响粉刷质量的情况发生（没有做天花的顶棚无此工艺）。

步骤二　嵌缝

吊顶面层使用石膏板和螺钉来固定完成，但石膏面板间的缝隙和螺钉口凹陷会影响顶面的美观性，所以要使用嵌缝石膏进行嵌缝。嵌缝时，嵌缝石膏应

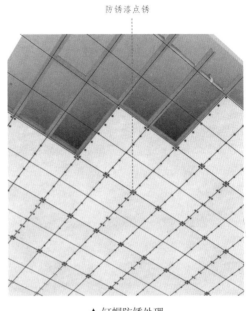

防锈漆点锈

▲ 钉帽防锈处理

调和得稍硬些，当一次嵌补不平时，可以分多次嵌补，但必须要等到嵌补的前一道完全干后才能嵌刮后一道。嵌补时要嵌得饱满，刮压平实，但不能高出基层顶面。

步骤三　防开裂处理

为了防止石膏板接缝等处开裂，影响顶面的美观，顶面要进行防开裂处理。施工时，一般会在接缝处粘贴一层 50mm 宽的网格绷带或牛皮纸袋，必要时也可以粘贴两层。

小贴士

粘贴技巧

粘贴网格绷带或牛皮纸袋的方法是先在接缝处用毛刷涂刷白乳胶液，然后粘贴用水浸湿过的牛皮纸或网格绷带，粘贴后用胚板压平、刮实。

步骤四　批刮腻子

顶面腻子的批刮一般采用左右横批的方式，批刮 2~3 遍即可，不宜太多。批刮顶面腻子在遇到已经填好的缝隙和孔眼时，要批刮得平整。

刮完腻子后需打磨。打磨是非常重要的工序，刮了几遍腻子就必须打磨几次，打磨质量关系到墙面的美观与平整。初步打磨完成后，还需对局部不平整的地方进行找补。

步骤五　刷底漆

底漆的涂刷方式一般是一底两面（刷一次底漆，两次面漆）。刷底漆的作用在于提高墙面的黏结力和覆盖率，让墙面具有抗碱、防潮的性能。涂刷顶面的手法一般是使用辊筒自左而右的横向滚动，相邻涂刷面的搭接宽度为 100mm 左右。

步骤六　刷面漆

面漆的涂刷方式和底漆的涂刷方式是相同的，但面漆要涂刷两次。

▲ 刷面漆

小贴士

滚刷技巧

使用辊筒刷漆时，只需要将辊筒浸入 1/3，然后在拖板上滚动几下，使辊筒被乳胶漆均匀浸透，以保证在滚涂时漆层厚薄一致，防止浆料掉落。

---

❷ 墙面乳胶漆施工

步骤一　防开裂处理

墙面如果也采用了石膏板或其他板材做背景墙，板与板的拼接处以及墙面开槽的接缝处也必须粘贴一层 50mm 宽的网格绷带或牛皮纸袋。

此外，如果内墙墙体基层裂缝过多，则需要做全面的防开裂处理。首先在墙面均匀滚刷白乳胶液，不能漏刷，然后把聚酯布贴在墙上，并用刮板刮出多余的胶液，使布粘贴平整、牢固。布与布之间的搭接头要裁下，以免影响平整度。

步骤二　涂刷界面剂

为了提高墙面的附着力，应该涂刷界面剂。界面剂是一种胶黏剂，具有良好的黏接力、耐水性以及耐老化性，可用于处理表面过于光滑或者吸水性强的界面容易出现的不易粘接的问题，从而提高腻子和基层材料的吸附力，避免出现空鼓、剥落、开裂等问题。

步骤三　找阴阳角方正

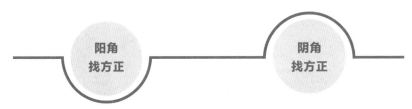

- 阳角通常利用靠尺找方正。

- 用靠尺和阳角对齐，再用线坠修正靠尺的垂直度，依托已经调节好的靠尺批刮腻子，直至阳角垂直方正。

- 阴角通常采用弹线的方式找方正。

- 在两个相邻的墙角拉线，并用墨线弹好，以此为基准，使用石膏沿着弹好的墨线进行修补，直至阴角垂直方正。

步骤四　批刮腻子

① 腻子一般要满批 2~3 遍，墙面的批刮方式一般是上下左右直刮，要刮得方正平整，与其他平面的连接处要整齐、清洁。

② 批刮时应该注意墙面的高低平整和阴阳角的整齐，批刮厚度可根据墙面的实际情况灵活调整。满批阳角时的腻子要向里面刮，把腻子收得四角方正。

③ 孔洞处和缝隙处的腻子要压平实，嵌得饱满，但不能高出基层表面。

▲ 刮腻子

步骤五　砂纸打磨

待腻子干透后，使用砂纸将高出的和较为粗糙的地方打磨平整。打磨时一般先用 3m 及以上长度的靠尺进行测量，如有不平应该及时补灰。打磨时要纵向直磨，手势要轻，用力均匀，打磨完成后要将墙面清理干净。

步骤六　刷底漆

刷底漆的方法可采用刷涂、滚涂、喷涂等，操作应连续、迅速，一次刷完。

小贴士

底漆的涂刷技巧

① 底漆的稀稠浓度要一致，涂刷时要均匀，不能漏刷，滚刷要拉直，不能左右摇晃摆成波浪形，也不能斜向涂刷或横向涂刷。

② 底漆不能刷得太厚，尤其是阴阳角。在涂刷过程中，要做到清洁、完整。

③ 在底漆干透后，应对墙面进行细致检查，对一些不足之处及时进行修补处理，在修补的腻子干透后，用砂纸打磨，最后把墙面清理干净。

步骤七　刷面漆

面漆的涂刷方式不仅可以采用人工滚涂的方式，也可以采用机械喷涂，喷涂的效果要比滚涂的效果更好，墙面更加光滑细致。

滚涂	喷涂

墙面滚涂时应先自下而上，再自上而下呈 M 形运动。面漆应涂刷两遍当辊筒已经比较干燥时，在刚刚滚涂过的表面轻轻滚一次，以达到涂层厚薄一致的效果。

阴阳角、门窗框边、分色线处、电器设备周围等地带可使用 100mm 的小滚刷进行滚涂，从而避免漏刷的情况发生。

将涂料搅拌均匀后倒入喷枪，喷涂时要注意喷嘴和墙面之间的距离。如果距离太近，涂层变厚，易产生流淌现象；如果距离过远，涂料易散落，使涂层造成凹凸状，达不到光滑平整的效果。因而一般以 200~300mm 为宜。

喷涂施工遵循"先难后易，先里后外，先高后低，先小面积后大面积"的原则，这样更容易让墙面形成较好的涂膜。

小贴士

喷涂方式

① 纵行喷涂法

使喷枪嘴两侧的小孔与出漆孔呈垂直线，从被涂物左上方向下呈直角移动，之后向上喷，并使得喷出的漆压住前一次喷涂宽度的 1/3，按照上述方式反复。

② 横行喷涂法

喷嘴两侧小孔下与出漆孔呈水平线，从被涂物右上角向左移动，喷涂到左端后随即往回喷，同样要压住前一次喷涂宽度的 1/3，依次进行喷涂，较适合大面积喷涂的情况。

四、硅藻泥

硅藻泥是近几年较为流行的一种墙面设计形式，其造型多样，但施工周期相对较长。

步骤一 搅拌涂料

在搅拌容器中加入施工用水量 90% 的清水，然后倒入硅藻泥干粉浸泡几分钟，再用电动搅拌机搅拌约 10min。搅拌的同时添加 10% 的清水调节施工黏稠度，泥性涂料要在充分搅拌均匀后方可使用。

步骤二 涂刷涂料

第一遍涂平厚度约 1mm，完成后等待约 50min，根据现场气候情况而定，以表面不粘手为宜，有露底的情况用料补平。然后涂抹第二遍，厚度约 1.5mm。总厚度在 1.5~3.0mm。

▲ 涂刷涂料

步骤三 图案制作并收光

① 常见的肌理图案有拟丝、布艺、思绪、水波、如意、格艺、斜格艺麻面、扇艺、艺、弹涂、分割弹涂等，可任选其一涂刷在墙面中。

② 制作完肌理图案后，用收光抹子沿图案纹路压实收光。

▲ 涂刷涂料

第二节
其他饰面施工

一、壁纸

壁纸由基层材料和面层材料组成。基层材料一般由纸、布、合成纤维、石棉纤维及塑料等构成；面层材料一般由纸、金属箔、纤维织物、绒絮及聚氯乙烯、聚乙烯等构成。壁纸是目前广泛使用的室内墙面及天棚装饰材料。

扩展知识

壁纸对不同基层的处理要求

壁纸对不同材质的基层处理要求是不同的，如混凝土和水泥砂浆抹灰基层，纸面石膏板、水泥面板、硅钙板基层，水质基层的处理技巧及建议都不相同。

（1）混凝土及水泥砂浆抹灰基层：

① 混凝土及水泥砂浆抹灰基层与墙体及各抹灰层间必须黏结牢固，抹灰层应无脱层、空鼓，面层应无爆灰和裂缝。

② 立面垂直度及阴阳角应方正，允许偏差不得超过 3 mm。

③ 基体一定要干燥，使水分尽量挥发，含水率最大不能超过 8%。

④ 新房的混凝土及水泥砂浆抹灰基层在刮腻子前应涂刷抗碱封闭底漆。

⑤ 旧房的混凝土及水泥砂浆抹灰基层在贴壁纸前应清除疏松的旧装修层，并涂刷界面剂。

⑥ 满刮腻子、砂纸打光，基层腻子应平整光明、坚实牢固，不得有粉化起皮、裂缝和突出物，线角顺直。

（2）纸面石膏板、水泥面板、硅钙板基层：

① 面板安装牢固、无脱层、翘曲、折裂、缺棱、掉角。

② 立面垂直度及表面平整度允许偏差为 2mm，接缝高低差允许偏差为 1mm，阴阳角方正，允许偏差不得超过 3mm。

③ 在轻钢龙骨上固定面板应用自攻螺钉，钉头埋入板内但不得损坏纸面，钉眼要做防锈处理。

④ 在潮湿处应做防潮处理。

⑤ 满刮腻子、砂纸打光，基层腻子应平整光滑、坚实牢固，不得有粉化起皮、裂缝和突出物，线角顺直。

（3）水质基层：

① 基层要干燥，木质基层含水率最大不得超过 12%。

② 木质面板在安装前应进行防火处理。

③ 木质基层上的节疤、松脂部位应用虫胶膝封闭，钉眼处应用油性腻子嵌补。在刮腻子前应涂刷抗碱封闭底漆。

④ 满刮腻子、砂纸打光，基层腻子应平整光滑、坚实牢固，不得有粉化起皮、裂缝和突出物，角脚顺直。

（4）不同材质基层的接缝处理：

不同材质基层的接缝处必须粘贴接缝带，否则极易出现裂缝、起皮等问题。

❶ 壁纸施工步骤

步骤一　施工准备

壁纸施工的材料准备是至关重要的一环。通常来说，壁纸施工时除了壁纸以外，常用的施工材料有胶黏剂、防潮底漆与底胶、底灰腻子等。

① 胶黏剂。应根据壁纸的品种、性能来确定胶黏剂的种类和稀稠程度。原则是既要保证壁纸粘贴牢固，又不能透过壁纸，影响壁纸的颜色。

② 防潮底漆与底胶。壁纸裱糊前，应先在基层表面刷防潮底漆，以防止壁纸、壁布受潮脱胶。底胶的作用是封闭基层表

▲ 配置底胶

面的碱性物质，防止贴面吸水太快，且随时校正图案和对花的粘贴位置，便于在纠正时揭掉壁纸，同时也为粘贴壁纸提供一个粗糙的结合面。

③ 底灰腻子。有乳胶腻子和油性腻子之分。乳胶腻子的配比为，聚醋酸乙烯乳液：滑石粉：羧甲基纤维素（2% 溶液）=1：10：2.5；油性腻子的配比为，石膏粉：熟桐油：清漆（酚醛）=10：1：2。

步骤二　基层处理

① 基层应平整，同时墙面阴阳角垂直方正，墙角小圆角弧度大小上下一致，表面坚实、平整、洁净、干燥，没有污垢、尘土、沙粒、气泡、空鼓等现象。

② 安装于基面的各种开关、插座、电器盒等突出设置，应先卸下扣盖等影响壁纸施工的部件。

步骤三　刷防潮底漆及底胶

基层处理经工序检验合格后，在处理好的基层上涂刷防潮底漆及一遍底胶，要求薄而均匀，墙面要细腻光洁，不应有漏刷或流淌等现象。

▲ 墙面滚刷

小贴士

底胶选用及涂刷技巧

底胶的品种较多，选用的原则是底胶能与所用胶黏剂相溶。

涂刷时可使用辊筒和笔刷将底胶刷到墙面基层上。防潮漆和底胶最好提前一天刷，若气温较高，在短时间内能干透，也可以在同一天施工。

步骤四　墙面弹线

在底层涂料干燥后弹水平、垂直线，其作用是使壁纸粘贴的图案、花纹等纵横连贯。

步骤五　裁纸

按基层实际尺寸进行测量，计算所需用量，并在壁纸每一边预留 20~50mm 的余量，从而计算需要用的卷数，以及壁纸的裁切方式。裁剪好的壁纸，需要按次序摆放，不能乱放，否则壁纸将会很容易出现色差问题。一般情况下，可以先裁 3 卷壁纸试贴。

▲ 测量壁纸

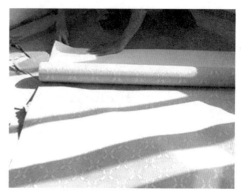

▲ 裁切壁纸

步骤六　涂刷胶黏剂

壁纸和墙面需刷胶黏剂一遍，厚薄均匀。胶黏剂不能刷得过多、过厚、不均，以防溢出；壁纸要避免刷不到位，以防止产生起泡、脱壳、壁纸黏结不牢等现象。

步骤七　贴壁纸

① 首先找好垂直，然后对花纹拼缝，再用刮板将壁纸刮平。原则是先垂直方向，后水平方向，先细部，后大面。贴壁纸时要两人配合，一人用双手将润湿的壁

▲ 试拼

纸平稳地拎起来，把纸的一端对准控制线上方 10mm 左右处；另一人拉住壁纸的下端，两人同时将壁纸的一边对准墙角或门边，直至壁纸上下垂直，再用刮板从壁纸中间向四周逐次刮去。壁纸下的气泡应及时赶出，使壁纸紧贴墙面。

② 拼贴时，注意阳角千万不要有缝，壁纸至少包过阳角 150mm，以达到拼缝密实、牢固，花纹图案对齐的效果。多余的胶黏剂应顺操作方向刮挤出纸边，并及时用干净湿润的白毛巾擦干，保持纸面清洁。

③ 对于电视背景墙上的开关、插座位置的壁纸裁剪，一般是从中心点割出两条对角线，使其出现 4 个小三角形，再用刮板压住开关插座四周，用壁纸刀将多余的壁纸切除。

④ 壁纸铺贴好之后，需要将上下左右端以及贴合重叠处的壁纸裁掉。最好选用刀片较薄，刀口锋利的壁纸刀。

▲ 裁切十字口　　　　　　　　　▲ 刮板赶出气泡

扩展知识

壁纸拼缝的三种方式

① 对接拼缝

对接拼缝是将壁纸的边缘紧靠在一起，既不留缝，又不重叠。其优点是光滑、平整、无痕迹，整体看来流畅性好，完整度高。

② 搭缝拼接

搭缝拼接是指壁纸与壁纸互相叠压一个边的拼缝方法。采用搭缝拼接时，要等到胶黏剂干到一定程度后，再用美工刀裁割壁纸，揭去内层纸条，小心撕除饰面部分，然后用刮板将拼缝处刮压密实。其方法简单，但易出棱边，美观性较差。

③ 重叠裁切拼缝

重叠裁切拼缝是把壁纸接缝处搭接一部分，使对花或图案完整，然后用直尺对准两幅壁纸搭接突起部分的中心压紧，用裁纸刀用力平稳地裁切。裁刀要锋利，不要将壁纸扯坏或拉长，并且两层壁纸要切透。其优点是拼缝严密、吻合性好，处理好的拼缝不易发觉。

步骤八　清理修整

① 壁纸施工完成后，要对整个墙面进行检查。如有粘贴不牢的，可用针筒注入胶水进行修补，并用干净白色湿毛巾将其压实，擦去多余的胶液。若粘贴面起泡，可用

裁纸刀或注射针头顺图案的边缘将壁纸割裂或刺破，排除空气。纸边口脱胶处要及时用粘贴性强的胶液贴牢。

② 最后用干净白色湿毛巾将壁纸面上残存的胶液和污物擦拭干净。

小贴士

先装门还是先贴壁纸

① 先贴壁纸：如果是先贴壁纸后装门，好处是可以将壁纸边压住，这样比较美观，但是稍不注意把壁纸破坏了，那就损失大了，因为壁纸破了是没法修补的，只能重贴。

② 先装门：壁纸后贴肯定不会因为装门破坏成品了，但随之而来的问题是，收边不好收，搞不好会出现一些缝隙，影响美观，壁纸和门框结合处，还得打玻璃胶。

在实际中，大多数都是壁纸最后再贴，这样可以保证大面上不出什么问题，至于细节的地方，只要工人稍微细心一点处理，问题不大。另外，局部的美观效果，重要性肯定是要低于大面的质量要求。

二、硬包、软包

硬包和软包最大的区别在于两者所填充的材料，而施工步骤几乎相同。软质材料独具柔美的质感，弥补了石材、木材、玻璃、金属等硬质材料给人的生硬、冷漠之感，因而使室内空间环境变得柔和、亲切和温暖，同时又有吸声、隔声、保温等功效。

步骤一 施工准备

① 调整基层并进行检查，要求基层平整、牢固，垂直度、平整度均符合细木制作验收规范、设计要求及国家现行标准的有关规定。一般选用优质五夹板做衬板，如基层情况特殊或有特殊要求者，亦可选用九夹板。

② 软包墙面的木框、龙骨、面板、衬板等木材的材种、规格、等级、含水率和防潮、防腐处理必须符合国家现行标准的有关规定。

③ 软包装饰所用的包面材料和填充材料、龙骨及衬板等木质部分，均应喷涂防火漆，达到消防要求。

术语解释

九夹板　九夹板，又称九层板，是 9mm 厚的夹心木质板。夹芯板以一种材料作为芯材，两面用其他材料作面层，用料可以是密度板，也可以是多层板，一般是指 9mm 的多层板。九夹板一般用于踢脚板和饰面板的制作，有时也用于家具后壁板的制作。

步骤二　基层处理

① 清理检查原基层墙面，要求基层牢固、平整、构造合理。

② 如果将软包材料直接铺装在建筑墙体及柱体表面上，为防止墙体及柱体受到潮气的侵蚀，基层应进行防潮处理。通常采用 1∶3 水泥砂浆抹灰，然后刷涂一道清油或满铺油纸。

步骤三　弹线

弹线时要根据设计要求，把房间需要制作的软包饰面的尺寸、造型等通过吊直、套方、找规矩、弹线等工序，把实际尺寸与造型落实到墙面上，同时确定龙骨及预埋木模的所在位置。

步骤四　安装龙骨

龙骨一般采用截面 30mm×40mm 或 40mm×60mm 的白松烘干料，不得有腐朽、节疤、劈裂、扭曲等缺陷；也可以根据设计要求选用人造板条做龙骨，其间距为 400~600mm。

首先在未预埋木砖的各交叉点上，用冲击电钻打出深 60mm、直径 12mm、间距 150~300mm 的孔，预设浸油木模。将木龙骨按先主后次，先竖后横的方法用铁钉或气钉固定在墙面上，并及时检查其平整度，局部可以垫木垫片找平。

▲ 安装龙骨

步骤五　固定衬板

① 当采用整体固定时，根据设计要求的软包构造做法，将衬板满铺满钉于龙骨上，要求钉装牢固、平整。

② 龙骨与衬板之间采用胶钉的连接方式。衬板对接边开 V 字形，缝隙保持在 1~2mm 左右，且接缝部位一定要在木龙骨的中心。钉帽要冲入 0.5~1mm，要求表面平整。

步骤六 粘贴填充材料

采用快干胶黏剂将填充材料均匀地粘贴在衬板上。填充材料的厚度一般为20~50mm，也可根据饰面分块的大小和视距来确定。要求塑型正确，接缝严密且厚度一致，不能有起皱、鼓泡、错落、撕裂等现象，发现问题时要及时修补。

步骤七 铺装面料

面料铺装的方法有成卷铺装法、分块固定法、压条法、平铺泡钉压角法等，其中最常用的是前两种。

分块固定法	成卷铺装法
先将填充材料与衬板按设计要求的分格、分块进行预裁，分别地包覆制作成单体饰件，然后与面料一并固定于木筋上。安装时，应从一端开始以衬板压住面料，压边20~30mm，用暗钉与龙骨钉固；另一端的衬板不压面料而直接固定于龙骨上，继续安装，重复此过程。要求衬板的搭接必须置于龙骨中线。面料剪裁时，必须大于装饰分割划块尺寸，并足以在下一条龙骨上剩余20~30mm的压边料头。	首先将面料的端部裁齐、裁方，面料的幅面应大于横向龙骨木筋中距50~80mm，然后用暗钉将面料逐渐固定在龙骨上，并保持图案、线条的横平竖直及表面平整。边铺钉边观察，如发现问题，应及时修整。

步骤八 收口处理

压条可以使用铜条、不锈钢条或木条，按设计装钉成不同的造型。当压条为铜条或不锈钢条时，必须内衬尺寸相当的人造板条（二者可使用硅酮结构密封胶黏结），以保证装饰条顺直。最后修整软包饰面，除尘、清理胶痕，覆盖保护膜。

▲ 完成图

三、墙面木作造型

墙面木作造型包含了不同空间内具有特色墙面的施工过程，不同材料的安装，其木作的结构也不同。

① 电视墙木作造型施工

步骤一 清理基层

清理墙面基层，将一些较大的颗粒清理掉，然后需要铺上油毡、油纸做防潮处理。

步骤二 弹线

待基层处理好后、墙面干燥的情况下，根据设计图纸在墙面上弹线，画出木作造型的具体位置和形态。

步骤三 骨架制作与固定

① 根据图纸设计尺寸、造型，裁切木夹板和木方，将木方制作成框架，用钉子钉好。

② 将框架钉在墙面的预埋木砖上，没有预埋木砖的，需钻孔打入木模或塑料胀管，将框架安装牢固。所有木方和木夹板均应进行防潮、防火、防虫处理，然后将木夹板用白色乳胶和钉子钉装于框架上，必须牢固无松动，骨架要用线调平，做到横平竖直。

▲ 骨架固定

步骤四 安装表面板材

① 根据设计图纸选择饰面板，将饰面板按照尺寸裁切好。然后在基架面和饰面板背面涂刷胶黏剂，胶黏剂必须涂刷均匀。静置数分钟后将饰面板粘贴牢固，不得有离胶现象。

② 在没有木线掩盖的转角处，必须采用 45° 拼角；对于木饰面要求拼纹路的，需要严格按照图纸拼接好。

③ 对于饰面板的空缝或密缝，按设计要求，空缝的缝宽要一致且顺直，密缝的拼缝要紧密，接缝顺直。在有木线的地方，按所选择木线钉装牢固，钉帽应凹入木面 1mm 左右，不得外露。

步骤五 清洁

将多余的胶水及时清理擦净，清除饰面板表面的污物，并将饰面板保护好。

▲ 安装表面板材

▲ 清洁完成

木质装饰品的注意事项

木质装饰材料易燃性强，所以在防火方面应当格外重视。通常的做法是用防火漆涂刷两遍即可，木材的各处缝隙也要使用玻璃胶密封起来。

❷ 镜面造型施工

步骤一 加工镜面

根据设计图纸，将镜面切割成适当的尺寸。若需要倒棱镜造型，则镜子应在工厂加工好，不要在施工现场进行二次加工。

步骤二 安装衬板

用电锤在墙面钻孔，里面插入木塞。将细木工板安装在墙面上，使用气枪钉将细木工板与木塞固定。每个木塞中至少要嵌入 3 根气枪钉。

步骤三 安装镜面

镜面安装时有三种方式，分别为镜面直接粘贴法、镜面木框固定法、镜面广告钉固定法。

❸ 护墙板施工

步骤一 施工准备

一般墙体按照材料和使用性质可分为砖混结构、空心砖结构、加气混凝土结构、轻钢龙骨石膏板隔墙、木隔墙等。不同的墙体结构，对护墙板的工艺要求也不同。因此要编制施工方案，对施工人员做好技术及安全交底，并做好工程和施工记录。

用线坠检查墙面垂直度和平整度。如墙面平整误差在10mm以内，则采取垫灰修整的办法；如误差大于10mm，则可在墙面与木龙骨之间加木垫块来解决，以保证木龙的平整度和垂直度。

主体墙面的验收 **1** ⬅➡ **2** **墙体结构的检查**

3 **防潮处理** ⬅➡ **4** **材料的准备**

在一些比较潮湿的地区，基层需要做防潮层。在安装木龙骨之前，将油毡或油纸铺放平整，搭接严密，不得有褶皱、裂缝、透孔等。如用沥青做密室处理，应待基层干燥后，再均匀地涂刷沥青，不得有漏刷。铺沥青防潮层时，要先在预埋的木模上钉好钉子，做好标记。

木龙骨、底板、饰面板材、防火及防腐材料、钉、胶等均应备齐。材料的品种、规格、颜色要符合设计要求，所有材料必须有环保要求的检测报告。对于未做饰面处理的半成品实木墙板及细木装饰制品（各种装饰收边线等），应预先涂饰一遍底漆，以防止变形或污染。

步骤二 基层处理

① 一般的砖混结构墙体，在龙骨安装前，可在墙面上按弹线位置用直径为16~20mm 的冲击钻头钻孔，其钻孔深度不小于 40mm。在钻孔位置打入直径大于孔径的浸油木模，并将木模超出墙面的多余部分削平，这样有利于木护墙板基层结构的安装质量。还可以在木垫块局部找平的情况下，采用射枪钉或强力气钢钉把木龙骨直接钉在墙面上。

② 对于基层为加气混凝土砖、空心砖的墙体，应先将浸油木模按预先设计的位置预埋于墙体内，并用水泥砂浆砌实，使木模表面与墙体平整。对于基层为木隔墙、轻钢

龙骨石膏板的隔墙，应先将隔墙的主、副龙骨位置画出，在与墙面待安装的木龙骨固定点标定后，方可施工。

步骤三 弹线

不同基层的墙体表面有不同的处理方式。

砖混结构墙体	加气混凝土砖、空心砖墙体	木隔墙、轻钢龙骨石膏板隔墙
一般的砖混结构墙体，在龙骨安装前，可在墙面上按弹线位置用直径16~20mm的冲击钻头钻孔，其钻孔深度不小于40mm。在钻孔位置打入直径大于孔径的浸油木模，并将木模超出墙面的多余部分削平，这样有利于木护墙板基层结构的安装质量。	基层为加气混凝土砖、空心砖墙体时，先将浸油木模按预先设计的位置预埋于墙体内，并用水泥砂浆砌实，使木模表面与墙体平整。	基层为木隔墙、轻钢龙骨石膏板隔墙时，先将隔墙的主、副龙骨位置画出，与墙面待安装的木龙骨固定点标定后，方可施工。

步骤四 检查预埋件

弹线的目的有两个：一是确定基准线，以便于下一道工序的施工；二是检查墙面预埋件是否符合设计要求、电器布线是否影响木龙骨的安装位置、空间尺寸是否合适、标高尺寸是否需要改动等。在弹线过程中，如果发现有不能按原来标高施工的问题，不能按原来设计布局的问题，应及时提出设计变更，以保证工序的顺利进行。

步骤五 制作木骨架

待安装的所有木龙骨要做好防腐、防潮、防火处理。木龙骨架的间距通常根据面板模数或现场施工的尺寸而定，一般为400~600mm。在有开关插座的位置处，要在其四周加钉龙骨框。通常在安装前，为了确保施工后的面板平整度，达到省工省时、计划用料的目的，可先在地面进行拼装。拼装时要求把墙面上需要分片或可以分片的尺寸位置标出，再根据分片尺寸进行拼装前的处理。

步骤六　固定木骨架

① 固定前，先检查木骨架与建筑墙面是否有缝隙，如果有缝隙，可用木片或木垫块将缝隙垫实，再用圆钉将木龙骨与墙面预埋的木模做几个初步的固定点，然后拉线，并用水平仪校正木龙骨在墙面的水平度是否符合设计要求。经调整准确无误后，再将木龙骨钉实、钉牢固。

② 在木隔断墙上固定木龙骨时，木龙骨必须与木隔墙的主、副龙骨吻合，再用圆铁钉或气钉钉入；在两个墙面的阴阳角转角处，必须加钉竖向木龙骨。

步骤七　安装木板材

① 固定式墙板安装的板材分为底板与饰面板两类。底板多采用胶合板、中密度板、细木工板；饰面板多采用各种实木板材、人造实木夹板、防火板、铝塑板等复合材料。也可以根据设计要求，采用壁纸及软包皮革进行装饰。

② 根据护墙板高度和房间大小切割木饰面板，整片或分片安装。安装要求缝隙一致、均匀，缝隙宽度不可超过 1mm。

步骤八　收口线条处理

如果在两个不同交接面之间存在高差、转折或缝隙，那么交接表面就需要用线条造型进行修饰，通常采用收口线条进行处理。安装封边收口线条时，钉的位置应在线条的凹槽处或背视线的一侧。

▲ 固定木骨架

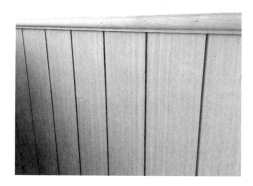

▲ 收口线条处理

步骤九　清理

施工完毕后，要将现场的施工设备及残留余料收起，并将垃圾清扫干净。

护墙板的常见问题及解决方法

常见问题	原因	解决方法
饰面夹板有开缝、翘曲现象	※ 原饰面夹板湿度大。 ※ 平整度不好。 ※ 饰面夹板本身翘曲	※ 检查所购饰面夹板的平整度，含水率不得大于15%。 ※ 做好施工工艺交底，严格按照工艺流程施工
木龙骨固定不牢，阴阳角不方，分格档距不合规定	※ 施工时没有充分考虑装修与结构的配合，没有为装修提供条件，没有预留木砖，或木档留得不合格。 ※ 制作木龙骨时的木料含水率过大或未做防潮处理	※ 要认真地熟悉施工图纸在结构施工过程中，对预埋件的规格、部位、间距及装修预留量一定要认真了解。 ※ 木龙骨的含水率应小15%，并且不能有腐朽、严重死节疤、劈裂、扭曲等缺陷。 ※ 检查预留木模是否符合龙骨的分档尺寸，数量是否符合要求
面层花纹错乱，棱角不直，表面不平，接缝处有黑纹	※ 原材料未进行挑选，安装时未对色、对花。 ※ 胶合板表面透胶未清除掉，上清油后即出现黑斑、黑纹	※ 安装前要精选面板材料，涂刷两遍底漆做防护，将材种、颜色、花纹一致的板材使用在一个房间内。 ※ 使用大块胶合板做饰面时，板缝宽度间距可以用一个标准的金属条做间隔基准

四、墙砖铺贴

墙面的砖材包括瓷砖、马赛克等，其铺贴方式也各不相同，特殊的位置的铺贴更是要在施工中多加注意。

❶ 墙面瓷砖铺贴

步骤一 施工准备

① 对垂直度及平整度较差的原墙面以及不正的阴阳角，必须事先进行抹灰修正处

理；对空鼓、裂缝的原墙面应予以铲除补灰；对原墙面为石灰砂浆墙面的，应全部铲除重新抹灰。阴阳角的方正误差用直角尺测量，误差不应大于 3mm。

② 铺贴前必须对墙砖的品牌、型号、色号进行核对，严禁使用有几何尺寸偏差太大、翘曲、缺楞、掉角、釉面损伤、隐裂、色差等缺陷的墙砖。

步骤二　清理基层

贴砖前必须清除墙面的浮砂及油污。如果墙面较光滑，则须进行凿毛处理，并用素灰浆扫浆一遍。

步骤三　预排

① 预排施工时，要自上而下计算尺寸，排列中横、竖向都不允许出现两行以上的非整砖。非整砖应排在次要部位或阴角处，排砖时可用调整砖缝宽度的方法解决。

② 如无设计规定时，接缝宽度可在 1~1.5mm 之间调整。在管线、灯具、卫生设备支撑等部位，应用整砖套割，不得用非整砖拼凑镶贴，以保证效果美观。

▲ 预排

步骤四　拉标准线

① 根据室内标准水平线找出地面标高，按贴砖的面积计算出纵横的皮数，用水平尺找平，并弹出墙面砖的水平和垂直控制线。

② 横向不足整砖的部分，留在最下一皮与地面连接处。

▲ 浸砖

步骤五　浸砖润墙

① 浸砖：面砖铺贴前应放入清水中浸泡 2h 以上，然后取出晾干，用手按砖背无水迹时方可粘贴；冬季宜在浓度为 2% 的温盐水中浸泡。

② 润墙：砖墙面要提前 1 天湿润好；混凝土墙面可以提前 3~4 天湿润，以免吸走黏结砂浆中的水分。

▶ 润墙

步骤六　铺贴

① 在墙面均匀涂刷界面剂。

② 在正式铺砖前要先试贴。将拌制好的水泥砂浆均匀地涂抹在墙砖背面，将其贴在墙上，并用橡皮锤轻轻敲击，使其与墙面黏合。之后取下检查，看是否有缺浆及不合之处。试贴能够有效避免空鼓和脱落的问题。

③ 正式铺贴时，要在墙面砖背面抹满灰浆，四周刮成斜面，厚度应在 5mm 左右，注意边角要满浆。当墙砖贴在墙面时，应用力按压，并用橡皮锤敲击砖面，使墙面砖紧密粘于墙面。

④ 贴好第一块砖后，需要用靠尺和线坠检查水平度和垂直度，如有不平整之处，应用锤子轻轻敲击砖面进行调整。

▲ 抹灰浆

▲ 敲打找平

⑤ 铺贴面砖要先贴左端和右端，再贴中间。为了避免墙砖铺贴完成后受温度和湿度的影响而变形，在贴砖时要适当留下空隙，可塞入小木片留缝，并对欠浆亏浆的位置进行填充，保证粘贴牢固。墙面砖的规格尺寸或几何尺寸形状不等时，应在铺贴时随时调整，使缝隙宽窄一致。当贴到最上一行时，要求上口成一直线。若最上层面砖外露，则需要安装压条，反之则不需要。

墙砖铺贴完成后，需要用填缝剂勾缝。首先将墙面清理干净，再用扁铲清理砖缝，最后将填缝剂填入缝中，等其稍干后压实勾平即可。

▲ 预留砖缝

扩展知识

特殊位置的墙砖处理：阳角

在贴墙面瓷砖的时候会遇到一些 90° 的凸角，这个角被称为阳角。阳角一般有两种处理方法，一种是将两块瓷砖背面倒 45° 拼成 90°，即碰角；另一种是使用阳角线。

① 碰角：是一种比较传统的阳角处理方式，就是将两块瓷砖都磨成 45°，然后将瓷砖对角贴上。这种方式看似简单却非常考验工人的手艺，可以有效地使整体墙面协调统一，具有很强的装饰性。

② 阳角线：是一种用于瓷砖 90° 凸角包角处理的装饰线条。由于阳角线施工简单方便，且可以很好地保护瓷砖，因而阳角线被广泛应用在室内装修中。阳角线的常见材质有 PVC、铝合金、不锈钢这三种。阳角线可以很好地保护瓷砖边角，更加安全，可以减少碰撞产生的危害。

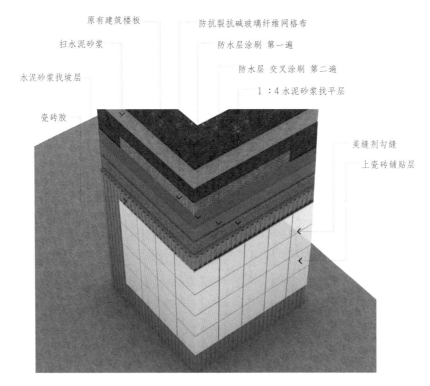

▲ 碰角

特殊位置的墙砖处理：底盒处

特殊位置的墙砖处理：进水管安装底盒需要在面饰材料上开孔时，必须定位放线，以确保安装后的美观度。安装时有以下几点注意事项。

① 所安装的底盒要与瓷砖面取平，也就是说贴完瓷砖以后，底盒和瓷砖的面是相平的。这样安装开关或者插座面板的螺栓就不需要额外配置安装螺栓。

② 墙面预埋底盒必须分开布置，底盒与底盒的间距要大于 1cm；强电底盒与弱电底盒间距要大于 20cm，且高度必须一致。

③ 水电线和安装验收：同一房间线盒高差不大于 5mm；线盒并列安装高差不大于 3mm；面板安装高差不大于 1mm。

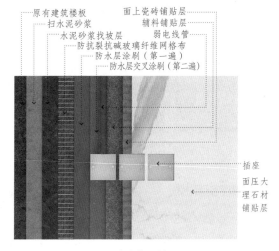

▲ 底盒位置处理

特殊位置的墙砖处理：进水管

无论是安装锅炉还是热水器等设备，需要在瓷砖上开孔时，都必须使用开孔器开孔，以确保安装后的美观度。安装时有以下几点注意事项。

① 装龙头处开孔必须开成圆孔，不能开成方孔，而且也不能开成 U 形孔。开孔的大小不能超过管径 2mm 以上，并且出水口边也必须与瓷砖平齐。

② 暗铺水管的刨沟深度应为水管敷设完成后管壁距粉刷层 15mm，并标注固定点。固定点间距不大于 600mm，终端固定点与出水口的距离不大于 100mm。

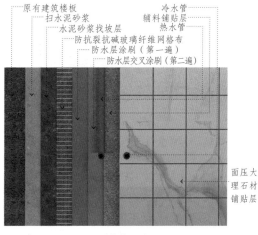

▲ 进水管开孔

② 马赛克铺贴

（1）软贴法

步骤一　抹黏结层

在抹黏结层之前，应在湿润的找平层上刷素水泥浆一遍，然后抹 3mm 厚的 1：1：2 纸筋石灰膏水泥混合浆黏结层。待黏结层用手按压无坑印时，在其上弹线分格。由于此时灰浆仍稍软，故称为软贴法。

步骤二　粘贴马赛克

粘贴马赛克时，一般自上而下进行。操作为将每联马赛克铺在木板上（底面朝上），用湿棉纱将马赛克的粘贴面擦拭干净，再用小刷蘸清水刷一道。随后在马赛克粘贴面上刮一层 2mm 厚的水泥浆，边刮边用铁抹子向下挤压，并轻敲木板振捣，使水泥浆充盈拼缝内，排出气泡。然后在黏结层上刷水湿润，将马赛克按线或靠尺粘贴在墙面上，并用木锤轻轻拍敲按压，使其更加牢固。

（2）干缝撒灰湿润法

步骤一　洒水泥干灰

在马赛克背面满撒 1：1 细砂水泥干灰（混合搅拌应均匀）充盈拼缝，然后用灰刀刮平，并洒水使缝内干灰湿润成水泥砂浆，再按软贴法贴于墙面。

▲ 干缝撒灰湿润法

步骤二　铺贴马赛克

铺贴时应注意缝格内的干砂浆应撒填饱满，水湿润应适宜。太干易使缝内部分干灰在提纸时漏出，造成缝内无灰；太湿则马赛克无法提起不能镶贴。此法由于缝内充盈良好，可省去擦缝工序，揭纸后只需稍加擦拭即可。

③ 墙面石材干挂

石材干挂是通过金属挂件将饰面石材直接吊挂于墙面或空挂于钢架之上，其原理是在配件结构上设主要受力点，通过金属挂件将石材固定在建筑物上，形成石材装饰幕墙。

步骤一　基层处理

将墙面基层表面清理干净，将局部影响骨架安装的凸起部分剔凿干净；同时还要根据装饰墙面的位置检查墙体，局部进行剔凿，以保证足够的装饰厚度；最后根据质量标准检查饰面基层及构造层的强度、密实度。

步骤二 放线

① 石材干挂施工前需按照设计标高在墙体上弹出 50cm 水平控制线和每层石材标高线，并在墙上做控制桩，找出房间及墙面的规矩和方正。

② 根据石材分隔图弹线后，还要确定膨胀螺栓的安装位置。

步骤三 预排

将挑出的石材按使用部位和安装顺序进行编号，选择在较为平整的场地做预排，检查拼接出的板块是否存在色差、是否满足现场尺寸要求。完成此项工作后将板材按编号存放备用。

步骤四 安装骨架

① 对非承重的空心砖墙体，干挂石材时应采用镀锌槽钢和镀锌角钢做骨架：用镀锌槽钢做主龙骨；用镀锌角钢做次龙骨，形成骨架网（在混凝土墙体上可直接将挂件与墙体连接）。

② 骨架安装前，按设计和排版要求的尺寸下料，用台钻钻出骨架的安装孔并刷防锈漆处理。

③ 膨胀螺栓钻孔位置要准确，深度为5.5~6.0cm，安装膨胀螺栓前要将孔内的灰粉清理干净，螺栓埋设要垂直、牢固。连接铁件要垂直、方正，不准翘曲，不平的应予以校正。

▲ 安装骨架

步骤五 石材开槽

安装前用云石机在石材侧面开槽，开槽深度根据挂件尺寸确定，一般要求不小于10mm，且在板材后侧边中心。为保证开槽不崩边，开槽位置距边缘距离为 1/4 边长且不小于50mm，注意将槽内的石灰清理干净，以保证进行灌胶时能够黏结牢固。

▲ 云石机开槽

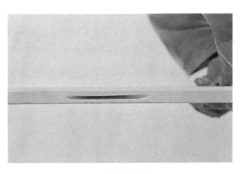

▲ 开槽细节

步骤六　石材安装

① 安装石材应由下至上进行，先上好侧面连接件，调整面板后用大理石干挂胶予以固定。同一水平石材上完后，应检查其表面平整及水平度，待合格后，再予以勾缝，同一部位的石材表面颜色必须均匀一致。

② 石材周边粘贴防污条后方可嵌入耐修胶，以免造成污染。耐修胶要嵌填密实，光滑平顺，其颜色应与石材颜色一致，并保证锚固 4~8h，避免因过早凝固而脆裂，因过慢凝固而松动。

③ 板材的垂直度、平整度经拉线校正后，拧紧螺栓。

▲ 石材安装

▲ 耐修胶固定

步骤七　清理

石材安装完毕后，用柔软布料对石材表面的污物进行初步清理，待胶凝固后再用壁纸刀、棉纱等清理石材表面。打蜡一般应按蜡的使用方法进行操作，原则上应烫硬蜡、擦软蜡，要求均匀不露底色、色泽一致、表面整洁。

第五章
铺装施工

铺装施工主要包括地面及墙面上的铺装，不同的铺装材料和不同的铺装方式，其施工工法不同。多样性的铺装施工能够为室内空间起分割和装饰性作用。

地面基础施工

一、水泥砂浆找平

地面找平有两种工艺，一种是采用水泥砂浆找平，厚度较厚，找平的效果理想；另一种是采用自流平找平，厚度较薄，施工便捷，但是对基层的平整度要求较高。若基层的坡度较大、坑洼处较多，则不适合采用自流平工艺找平。

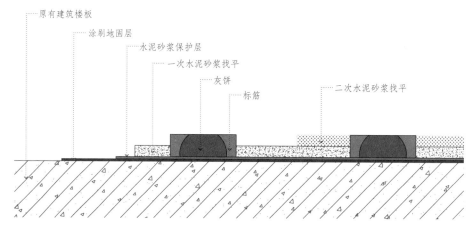

原有建筑楼板
涂刷地固层
水泥砂浆保护层
一次水泥砂浆找平
灰饼
标筋
二次水泥砂浆找平

▲ 地面找平剖面图

步骤一 施工准备

对水泥的要求：必须是强度等级为32.5 的普通硅酸盐水泥。

对砂的要求：必须为中砂，并且含沙量不应大于 3%，不得含有有机杂质。

步骤二 基层清理

① 在水泥砂浆找平前要先清理基层。首先要将结构表面的松散杂物清扫；然后用钢丝刷将基层表面突出的混凝土渣和灰

▲ 基层清理后的地面

浆皮等杂物刷掉，同时局部过高的地方要适当剔凿；最后如果有油污，可用10%的火碱水溶液清除，并用清水及时把碱液冲洗干净。以上操作完成后，用喷壶在地面基层上均匀地洒一遍水。

② 抹水泥砂浆前，应适当在基层上面洒水浸润，以保证基层与找平层之间接触面的黏合度。

步骤三 墙面标记

① 从墙上1m处水平线，向下量出面层的标高，并弹在墙面上。

② 根据房间四周墙上弹出的面层标高水平线，确定面层抹灰的厚度，然后拉水平线。

▲ 弹线

一般找平厚度

项目	砂浆厚度/mm	材料厚度/mm	总计/mm
铺贴地面砖	20	8~10	28~30
铺贴地面大理石	25~30	20	45~50

步骤四 铺设水泥砂浆

① 在铺设水泥砂浆前，要涂刷一层水泥浆，涂刷面积不要太大。涂刷水泥浆后要紧跟着铺设水泥砂浆，在灰饼之间把砂浆铺设均匀即可。

② 用木刮杠刮平之后，要立即用木抹子搓平，并随时用2m靠尺检查平整度。用木抹子刮平之后，立即用铁抹子压第一遍，直到出浆为止。待浮水下沉后，以人踏上去有脚印但不下陷为准，再用铁抹子压完第二遍即可。找平层的铺设厚度要均

匀到位，以免找平层空鼓、开裂，水泥要稳定，抹压程度适当。

▲ 木刮杠刮平

▲ 靠尺检测水平度

步骤五　养护

地面压光完工 24h 以后，要铺锯末或者其他的材料进行覆盖洒水养护，保持湿润，养护时间不少于 7 天。养护要准时，不得过人踩踏，以防止起砂。

二、水泥自流平找平

水泥自流平地面所用黏结材料一般为普硅水泥、高铝水泥、硅酸盐水泥等。自流平地面就是由黏结材料加水后，形成自由流动的浆料，根据地势高低不平，能在地面上迅速展开，从而获得高平整度的地坪。

步骤一　地面测量

用卷尺对地面进行准确的面积测量，以核定产品的使用量。用 2m 靠尺和楔形尺对地面进行随机检测，并在测绘图及地面上标注出地面平整度、混凝土强度，以及起砂、裂缝等情况，进一步完善施工方案。

步骤二　基层表面处理

一般毛坯地面上会有凸起的地方，需要将其打磨掉。一般需要用到打磨机，采

▲ 基层清理后的地面

用旋转平磨的方式将凸块磨平。对整体地面进行拉毛处理，增加水泥自流平与地面的接触面积，以防空鼓。基层表面处理完毕后，用大型工业吸尘器吸尘。

小贴士

地面缺陷的处理方法

① 龟裂：铲除、敲凿、打磨等。

② 凹陷：深度小于 10mm 的凹陷，用云石机将缝隙切成 U 形槽，再用水泥自流平填充灌满。

③ 空鼓：切除空鼓部位的混凝土砂浆，用水泥自流平砂浆填补平整。

步骤三 涂刷界面剂

基层表面处理完毕后，需要在地面上涂刷界面剂。涂刷界面剂的目的是为了让自流平水泥更好地与地面衔接，最大限度地避免出现空鼓或者脱落的情况。

① 用自流平底涂剂按 1∶3 比例兑水稀释封闭地面，混凝土或水泥砂浆地面一般涂刷 2~3 遍。

② 如果地面轻度起砂，可以将乳液稀释到 5 倍，连续涂刷 3~4 遍，直到地面不再吸收水分即可施工自流平。

▲ 涂刷界面剂

步骤四 浇自流平

① 通常自流平中水泥和水的比例是 1∶2，这样可以确保水泥能够流动但又不会太稀，以保证地面的强度，否则干燥后强度不够，容易起灰。

② 倒自流平水泥时，观察其流出约 500mm 宽范围后，由手持长杆齿形刮板、脚穿钉鞋的操作工人在自流平水泥表面轻缓地进行第一遍梳理，导出自流平水泥内部气泡并辅助流平。当自流平流出约 1000mm 宽范围后，由手持长杆针形辊筒、脚穿钉鞋的操作工人在自流平水泥表面轻缓地进行第二遍梳理和滚压，提高自流平水泥的密实度。

▲ 倒自流平水泥

▲ 均匀梳理

步骤五　辊筒渗入

推干的过程中会有一定凹凸，这时就需要用辊筒将水泥压匀。如果缺少这一步，就很容易导致地面出现局部的不平整，以及后期局部的小块翘空等问题。

步骤六　完工养护

施工完成后需要及时对成品进行养护，必须要封闭现场 24h。在这段时间内需要避免行走或者冲击等情况出现，从而保证地面的质量不会受到影响。

三、水泥砂浆粉光

水泥砂浆粉光是一种饰面工程，经过水泥砂浆风光过后的墙面、地面便不需要再在墙面增加铺砖、涂刷漆面等工序。水泥砂浆粉光对施工工人的技术要求较高。

步骤一　涂刷界面粘合剂

界面粘合剂用于增加墙地面和水泥砂浆粘接的牢固度。粘合剂采用益胶泥，益胶泥粘结力大、抗渗性好、耐水、耐裂，施工适应性好，能在立面和潮湿基面上进行操作。先将益胶泥均匀地涂刷在墙地面中，然后准备涂抹水泥砂浆。

▲ 兑入水分的益胶泥

步骤二 筛沙，搅拌水泥砂浆

① 筛除沙子中的大颗粒。将买来的沙子进行 2 次筛除，将里面的大颗粒全部筛除，留下细沙。

② 搅拌水泥砂浆。将细沙与水泥搅拌在一起，既可直接在地面上搅拌，也可在桶中搅拌，便于施工。

▲ 筛沙完成后分堆

▲ 搅拌水泥砂浆

步骤三 涂抹水泥砂浆在墙面、地面中

涂抹在墙面中的水泥砂浆厚度应保持在 15mm，涂抹在地面中的水泥砂浆厚度应保持在 25mm。一边涂抹水泥砂浆，一边找平。全部涂抹完成后，使用水平尺检测水平度和垂直度。

步骤四 进行磨砂处理

① 等待水泥砂浆干燥。表面磨砂处理需等待水泥砂浆待完全干燥和硬化之后，再进行磨砂施工，一般需要等待 12~24h。

▲ 墙面涂抹水泥砂浆

② 磨砂处理。使用磨砂机对水泥砂浆的表面进行打磨，将表面研磨至细腻光滑，没有明显的颗粒为止。对于转角处或面积较小的区域，则使用砂纸打磨，持续 2~3 次才能将表面磨至光滑。

步骤五 涂刷保护剂

磨砂处理完成后，需对墙面、地面养护 7 14 天。养护期过后，对表面进行处理，涂刷保护剂。墙面选择涂刷泼水剂，地面涂刷硬化剂，以起到保护作用。

▲ 水泥砂浆粉光地面

▲ 涂刷保护剂

四、磐多魔地坪

磐多魔是一种新型的材料，这种材质非常坚固，而且保养方便。如图所示，磐多魔地坪不同于传统块状拼接地坪，其能保持地坪的完整度，没有缝隙，不会收缩。因此，磐多魔地坪适合设计在多边形的空间，可完美适应空间的多种不同变化，并带来视觉延伸扩大的效果。磐多魔地坪有多种颜色可以选择，类似天然石材的质感，有较高的光泽度。

步骤一　基层处理

① 找平处理。磐多魔地坪施工对地面的平整度要求较高，若表面凹凸不平，则需要对地面进行找平工艺处理。

② 清扫表面。将浮在地面的灰尘以及细小颗粒清扫干净，并洒少量的水进行清洗。

▲ 清扫地面

步骤二　涂刷两遍树脂漆

① 第 1 遍涂刷树脂漆。待地面完全干燥后，涂刷第 1 遍树脂漆，厚度在1.5mm 左右，只需要薄薄的一层即可。要求涂刷均匀，薄厚一致。

② 第 2 遍涂刷树脂漆。过 24h 之后，

▲ 涂刷树脂漆

开始涂刷第 2 遍树脂漆，厚度同样保持在 1.5mm 左右，要求涂刷均匀，薄厚一致。

步骤三　洒上石英砂

在第 2 遍树脂漆涂刷完成，且没有硬化之前，均匀地洒上石英砂，起到增强结构的作用。石英砂可增加涂层的厚度、硬度以及面漆的咬合度。

步骤四　涂刷磐多魔骨材

① 兑入染色水，并均匀搅拌。先加入染色水改变磐多魔的颜色，然后充分均匀地搅拌。搅拌过程中容易产生气泡，须注意待磐多魔骨材没有气泡后才可进行涂刷。

② 涂刷磐多魔骨材。将磐多魔骨材均匀地涂刷到地面上，厚度保持在 5mm 左右。涂抹的过程中，应不断进行找平。

▲ 掺有绿染色水的磐多魔骨材

步骤五　干燥，打磨表面

待磐多魔骨材干燥后，一般需要经过 24h 可干燥和硬化。即可使用打磨机对磐多魔骨材进行打磨，也可以使用砂纸打磨。

步骤六　涂刷保护油

打磨完成后，开始涂刷保护油，要求薄厚一致，均匀涂刷。待表面干燥和硬化后，使用打蜡机进行抛光处理。此工序需要重复两遍，起到加强防护的作用。

▲ 涂刷树脂漆

地面铺装施工

一、地砖铺贴

地面上适宜的铺贴材料众多，技法也较多，同种材料不同的拼贴方式能够达成不同的铺贴效果，同样铺贴方式不同的材料也是如此。

❶ 地面瓷砖铺贴

步骤一　基层处理

铺贴地面瓷砖通常是在原楼板地面或垫高地面上施工。较光滑的地面要进行凿毛处理，基层表面残留的砂浆、尘土和油渍等要用钢丝刷刷洗干净，并用水冲洗地面。

步骤二　浸砖

地砖应浸水湿润，以保证铺贴后不会因吸走灰浆中的水分而粘贴不牢。将浸水后的地砖阴干备用，阴干的时间视气温和环境湿度而定，以地砖表面有潮湿感，但手按无水迹为准。

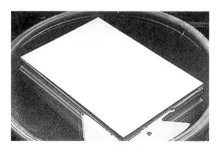

▲ 浸砖

步骤三　弹线分格

① 弹线时以房间中心为中心，弹出相互垂直的两条定位线，在定位线上按瓷砖的尺寸进行分格。如果整个房间可排偶数块瓷砖，则中心线就是瓷砖的对接缝；如排奇数块瓷砖，则中心线在瓷砖的中心位置上。分格、定位时，应距墙边留出 200~300mm 作为调整区间。

② 在分格定位时要先预排，并要避免缝中正对门口，影响整体效果。

步骤四　铺砂浆

应提前浇水润湿基层，刷一遍水泥素浆，随刷随铺 1∶3 的干硬性水泥砂浆；根据标筋标

▲ 抹砂浆

高，将砂浆用刮尺拍实刮平，再用长刮尺刮一遍，最后用木抹子搓平。

步骤五　铺地砖

① 正式铺贴前要先试铺，按照已经确定的厚度，在基准线的一端铺设一块基准砖，这块基准砖必须水平。

② 试铺无问题后，即可开始正式铺贴。对于地砖的铺贴，一般来说比较好的方式是干铺。干铺就是结合层砂浆采用 1:3 的干硬性水泥砂浆。

③ 铺贴前，需要在地砖背面均匀涂抹水泥素浆，然后铺放在已经填补好的干硬性水泥砂浆上。铺贴时，必须要用橡皮

▲ 铺地砖

锤轻轻敲击，手法是从中间到四边，再从四边到中间反复数次，使地砖与砂浆黏结紧密，并要随时调整平整度和缝隙。目前最常见的地砖铺设方式有两种：直铺、斜铺。直铺是以与墙边平行的方式进行瓷砖的铺贴，这也是使用得最多的铺贴方式；斜铺是指与墙边成 45° 角的排砖方式，这种方式耗材量较大。

④ 地面瓷砖在铺贴时要注意留缝，留缝的方式有两种，分别是宽缝和窄缝。宽缝在铺贴仿古砖时比较常用，一般会留 5~8mm 的缝；窄缝的留缝宽度通常是在 1~1.5mm。铺贴时留缝主要是考虑到地砖热胀冷缩的问题。

⑤ 在施工过程中，要随时检查所铺地砖的水平度，以及与相邻地面的高低差。检查的方式一般有两种：一种方式是用扁平铲在两个地砖的接缝处轻轻滑动；另一种方式是使用水平尺进行检验。

⑥ 铺贴后 24h 内要检查地面是否有空鼓的地方，一经发现要立刻返工。若时间超过 24h，水泥砂浆凝固会增加施工的难度。

扩展知识

避免水泥受潮的方法

遇到阴雨天进行地面铺贴时，最好在水泥表面覆盖好牛皮纸或是塑料布等遮盖物，并且尽量将水泥远离水源，以防止受潮、浸湿后结成块状物。

但是，在抹水泥的工作完毕后，其依旧会受到潮湿空气的影响，由此使得水泥的凝固速度降低。因而，铺完地砖后，不可以直接在表面踩踏，需要设置木板以便通行。

步骤六　压平、调缝

① 压平。每铺完一个房间或区域，需要用喷壶洒水，约 15min 后，用橡皮锤垫硬木拍板按铺砖顺序拍打一遍，不得漏拍，在压实的同时用水平尺找平。

② 调缝。压实后，拉通线，按照先竖缝后横缝的顺序进行调整，使缝口平直、贯通。调缝后，再用橡皮锤拍平。若陶瓷地砖有破损，应及时更换。

▲ 压平、调缝

步骤七　勾缝、清理

瓷砖铺完 24h 后，将缝口清理干净，并刷水润湿，用水泥浆勾缝。如果勾缝太早，会影响所贴的瓷砖，可能会造成高低不平、松动脱落等现象。如果是彩色地面砖，最好使用白水泥或调色水泥浆勾缝，勾缝要做到密实、平整、光滑。在水泥砂浆凝结前，应彻底清理砖面灰浆，并将地面擦拭干净。

▲ 勾缝

扩展知识

接受正常损耗

在瓷砖的铺贴过程中，损耗是必然存在的。由于房间尺寸与瓷砖尺寸不一定相配，需要裁切地砖进行适配，因此，切割的部分如果不能够继续利用就造成了损耗。一般而言，瓷砖的总体损耗率在 5%~10% 属正常范围。

正常损耗的一些原因如下。

① 房屋空间与瓷砖拆片的大小尺寸不符。

② 选用瓷砖的尺寸越大，损耗越多。如果是 800mm × 800mm、1200mm × 1200mm 的瓷砖，这些地砖的损耗远大于 10%。

③ 瓷砖出厂会存在色差、薄厚不同，以及不方正、翘皮等情况，即使是一批合格的瓷砖，其中也会存在不合格的产品。

④ 施工中，瓷砖的切割也会有工差，这也属于正常的失误。一般 100 块瓷

砖中出现 2 块的损耗属于正常范围。

⑤ 如果房屋存在很多拐角、圆弧，损耗则相对较大；房间越小，损耗越大；如果房屋很方正，或者房屋尺寸与地砖尺寸相匹配，损耗相对就小。

留意非正常损耗

① 如果瓷砖质量差，则施工时破损的可能性就大。

② 铺装施工操作中，如果不小心把瓷砖敲碎了，自然造成了损耗。降低瓷砖的损耗，需要从整个流程环节上加以把握。

❷ 马赛克地面铺贴

步骤一　铺贴

① 铺贴时，在铺贴部位抹上素水泥稠浆，同时将马赛克表面刷湿，然后用方尺找到基准点，拉好控制线按顺序进行铺贴。

② 当铺贴接近尽头时，应提前量尺预排，提早做调整，避免造成端头缝隙过大或过小的问题。每联马赛克之间，如果在墙角、镶边和靠墙处应紧密贴合，靠墙处不得采用砂浆填补，如果缝隙过大，应裁条嵌齐。

步骤二　拍实

整个房间铺贴完毕后，从一端开始，用木锤和拍板依次拍平拍实，拍至素水泥浆挤满缝隙为止。同时用水平尺测校标高和平整度。

步骤三　洒水、揭纸

用喷壶洒水至纸面完全浸透，常温下 15~25min 即可依次把纸面平拉揭掉，并用开刀清除纸毛。

步骤四　拔缝、灌缝

揭纸后，应拉线。按先纵后横的顺序用开刀将缝隙拔直，然后用排笔蘸浓水泥浆灌缝，或用 1：1 水泥拌细砂把缝隙填满，并适当洒水擦平。完成后，应检查缝格的平直、接缝的高低差以及表面的平整度。如不符合要求，应及时做出调整，且全部操作应在水泥凝结前完成。

▲ 拔缝、灌缝

二、石材地面铺贴

石材的地面铺贴通常以拼花的形式出现，丰富空间的地面形式。

地面拼花

步骤一　切割地砖

根据拼花设计图纸，在瓷砖上标记出切割尺寸。使用画线针在瓷砖上划出印记，使用手持式切割机按照印记切割，丢弃废料。将切割好的瓷砖堆放在一起，准备铺贴。

▲ 铺贴

步骤二　试铺

为防止拼花粘接时出现尺寸加工错误、加工误差大以及色差等原因而导致石材拼花无法粘接，或拼花粘接完成后无法修补导致石材浪费，因而在正式拼花前应先进行试拼，必须按照图纸分区位置进行无粘接试铺，确保曲线之间的缝隙结合均匀，且不大于0.5mm。同时检查拼合的曲线是否流畅，不得有影响效果的硬折线、直线。

步骤三　铺贴

① 在铺贴位置浇注适量 1∶3.5 的水泥浆，厚度小于 10mm。同时在瓷砖背部涂抹约 1mm 厚的素水泥膏。

② 用 1∶2 的水泥砂浆在定位线的位置铺贴拼花瓷砖，用橡皮锤按标高控制线和方正控制线调整拼花瓷砖的位置。

③ 在铺贴 8 块以上拼花瓷砖时，需要用水平尺检查平整度。在铺贴的过程中，应及时擦去附着在拼花瓷砖表面的水泥浆。

步骤四　养护、勾缝

① 拼花瓷砖在铺贴完工后，需要养护 1~2 天，然后进行拼花勾缝。

② 根据大理石的颜色，选择相同颜色的矿物颜料和水泥（或白水泥）拌合均匀，调成 1∶1 的稀水泥浆，用浆壶徐徐灌入拼花瓷砖之间的缝隙中（可分几次进行），并用长杆刮板把流出的水泥浆刮向缝隙内，至基本灌满为止。或者将白水泥调成干性团，在缝隙上涂抹，使拼花瓷砖的缝

▲ 白水泥勾缝

内均匀填满白水泥，再将拼花瓷砖表面擦干净。

③ 勾缝操作完成 1~2h 后，可用棉纱团蘸原稀水泥浆擦缝，将其擦平并把水泥浆擦干净，使地砖面层的表面洁净、平整、坚实。

三、木地板铺装

木地板是家装空间中最为常用的一种地面铺装方式，在公装的商业空间中也经常使用，其施工方式也是多样的。

① 实铺法

步骤一　基层处理

先将基层清扫干净，并用水泥砂浆找平。弹线要求清晰、准确，不能有遗漏，同一水平要交圈；基层应干燥且做防腐处理（铺沥青油毡或防潮粉）。预埋件的位置、数量、牢固性要达到设计标准。

步骤二　安装木栅格

① 根据设计要求，格栅可采用 30mm × 40mm 或 40mm × 60mm 截面木龙骨；也可以采用 10~18mm 厚，100mm 左右宽的人造板条。

② 在进行木格栅固定前，按木格栅的间距确定木模的位置，用 ϕ16mm 的冲击电钻在弹出十字交叉点的水泥地面或楼板上打孔。孔深 40mm 左右，孔距 300mm 左右，然后在孔内下浸油木模。固定时用长钉将木格栅固定在木楔上。格栅之间要加横

▲ 安装木栅格

撑，横撑中距依现场及设计而定，与格栅垂直相交并用铁钉钉固，要求不松动。

③ 为了保持通风，应在木格栅上面每隔 1000mm 开深不大于 10mm，宽 20mm 的通风槽。木格栅之间的空腔内应填充适量防潮粉或干焦渣、矿棉毡、石灰炉渣等轻质材料，起到保温、隔声、吸潮的作用，填充材料不得高出木格栅上皮。

步骤三　铺钉木地板

木地板铺钉前，可根据设计及现场情况的需要，铺设一层底板及聚乙烯泡沫胶垫或地板胶垫。底板可选 10~18mm 厚的人造板与木格栅胶钉。条形地板的铺设方向应考虑铺钉

方便、固定牢固、实用美观等要求。对于走廊、过道等部位，应顺着行走的方向铺设；而室内房间，应顺光线铺设。对于多数房间而言，顺光线方向与行走方向是一致的。

② 悬浮铺贴法

步骤一　铺设地垫

铺设时，地垫间不能重叠，接口处用 60mm 宽的胶带密封、压实。地垫需要铺设平直，向墙边上引 30~50mm，低于踢脚线高度。

步骤二　铺装地板

检查实木地板色差，按深、浅颜色分开，尽量规避色差，先预铺分选。色差太严重的考虑退回厂家。从左向右铺装地板，母槽靠墙，将有槽口的一边靠向墙壁，试铺时测量出第一排尾端所需的地板长度，预留 8~12mm 后，锯掉多余的部分。

▲ 铺设地垫

▲ 铺装地板

③ 铺装地板

步骤一　地面找平

地面的水平误差不能超过 2mm，超过则需要找平。如果地面不平整，不但会导致整体地板不平整，并且会有异响，严重影响地板质量。

步骤二　基层处理

对问题地面进行修复，形成新的基层，避免因原有基层空鼓和龟裂而引起地板起拱。撒防虫粉、铺防潮膜。防虫粉主要起到防止地板起蛀虫的作用。防虫粉不

▲ 铺防潮膜

需要满撒地面，可呈 U 字形铺撒。防潮膜主要起到防止地板发霉变形的作用。防潮膜要满铺于地面，在重要的部分，甚至可铺设两层防潮膜。

步骤三　铺装地板

从边角处开始铺设，先顺着地板的竖向铺设，再并列横向铺设。铺设地板时不能太过用力，否则拼接处会凸起来。在固定地板时，要注意地板是否有端头裂缝、相邻地板高差过大或者拼板缝隙过大等问题。

▲ 铺装地板

四、其他地面施工

其他地面主要是包括卫生间、淋浴房这类空间，其地面的铺设相对而言比较特殊。由于卫生间的排水孔，以及铺设时需要有一定的坡度，因此其工艺相较于其他空间来说较为复杂。

① 卫生间地面铺贴

步骤一　防水处理

在铺贴卫生间地砖之前，要先进行防水处理。由于防水是隐蔽工程，一旦出现问题，后续的维修会非常麻烦，因此在涂刷防水时不能遗漏任何地方。刷防水层之前，要先清理地面，可使用连接气泵的皮管吹走阴角处的浮尘，防水涂料必须刷足两遍以上。

步骤二　排砖

测量砖的大小，排砖时将不完整的砖排在墙角边或者不重要的位置，同时也要考虑到屋内排水管线的位置。

步骤三　确定水平面

在房间入口处与外侧房间地面的等高位置铺设门槛石，作为卫生间地砖的水平基准面。门槛石的厚度需要用水平尺进行精确测量，并用橡皮锤进行调整。

步骤四　铺贴地砖

地砖铺贴的方式与一般的地面铺贴相

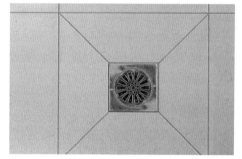

▲ 地漏切砖示意

同，但在施工中要有 2%~3% 的坡度，坡度坡向地漏方向，避免造成积水。

步骤五　挖排水孔

首先，在地面垫起的干硬性水泥砂浆中掏出一个和地漏一样大的孔洞；然后，在瓷砖上量出和地漏相同的孔径，标记并切割；最后，使用水泥砂浆对挖开的孔洞进行修正。需要注意的是，在正式铺贴排水口地砖前，需要向排水口灌一些水，观察排水是否通畅。

步骤六　勾缝、清理

地砖铺贴完成后，先对其勾缝；砖缝勾好后，用抹布将地面擦拭干净。

❷ 淋浴房地面铺贴

步骤一　表面拉槽

根据淋浴房形状定制大理石，运送到施工现场。使用开槽工具在大理石的表面拉线槽，线槽的深度为 2mm 左右，每隔 50mm 制作一个线槽。

步骤二　制作挡水条

根据淋浴房的形状制作大理石挡水条，可以加工制作为弧形或直角形状。挡水条的高度为 40~50mm，宽度为 30~40mm。

▲ 表面拉槽

步骤三　地面铺贴

① 先铺贴大理石挡水条，铺贴时注意挡水条与墙体要紧靠严密。

② 铺贴大理石拉槽，使大理石拉槽与淋浴房四周保持均匀的距离，一般为 80mm。大理石拉槽要高出四周约 10mm。

③ 流水槽通常采用石材铺贴，高度低于大理石拉槽 10mm，石材拼接直角处以 45° 拼接。

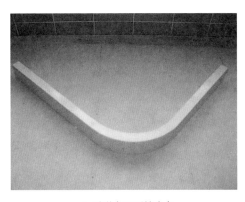

▲ 弧形大理石挡水条

步骤四　打胶密封

使用瓷砖黏合剂在淋浴房挡水条与四周接缝处填充、密封，填充过程中注意不要让胶水滴落到瓷砖上。

第六章
安装施工

安装工程属于装修中的后期项目，通常有厨具、洁具、电器、灯具几类。施工时要注意不同安装类型的施工要点，防止后期出现问题。

门、窗的安装

一、木门窗安装

木门窗是家装中较为常用的门窗形式，安装较为方便。

① 套装门安装

步骤一　组装门套

① 将门套横板压在两竖板之上，然后根据门的宽度确定两竖板的内径。如门宽为800mm，则两竖板的内径应该是808mm。内径确定后，开始用钉枪固定，可选用50mm钢钉直接用枪打入。

② 左右两面固定好后，可用刀锯在横板与竖板的连接处开出一个贯通槽（方便线条顺利通上去）。门套的正反两面均需开贯通槽，开好后将门套放入门洞。

▲ 测量门内径　　　　　　　　　　　　▲ 气钉枪固定

▲ 门套固定　　　　　　　　　　　　　▲ 开贯通槽

步骤二 门套矫正

① 根据门的宽度截三根木条，取门套的上、中、下三点，将木条撑起。需注意木条的两端应垫上纸，以防止矫正的过程中划伤门套表面。

② 在门套的侧面，上、中、下三点分别打上连接片，连接片可直接固定在门套的侧面，保证将门套与墙体紧紧引连。固定时可选用 38mm 钢钉，要将连接片斜着固定在墙体上，这样装好线条后，可以保证连接片不外露，既牢固又美观。

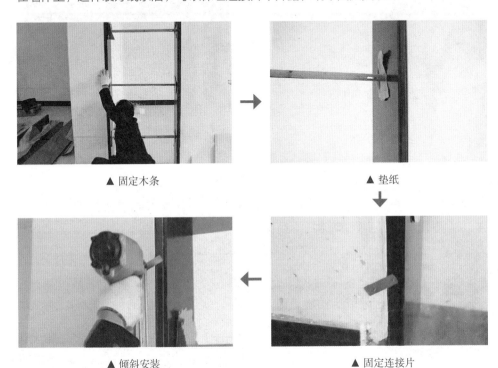

▲ 固定木条　　　　　　　　　　　▲ 垫纸

▲ 倾斜安装　　　　　　　　　　　▲ 固定连接片

步骤三 安装门板

① 固定前可将支撑木条暂时取下，以方便门板出入，待门安装后再支撑起。先将合页安装在门板上，然后在门板底部垫约 5mm 的小板，将门板暂时固定在门套上面。

② 门板固定好后，可取下底部垫的小木板，试着将门关上，调整门左右与门套的间隙。根据需要将间隙加以调整，使其形成一条直线，宽 3~4mm，然后依次将连接片与门套、墙体牢牢固定好。

▲ 门板下垫小木板

步骤四　安装门套装饰线

切割门套装饰线条，线条入槽时为避免损坏线条，可垫纸；用锤子将装饰线条从根部轻轻砸入，先装两边，再装中间。

▲ 切割装饰线条

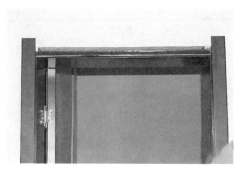

▲ 安装完成

步骤五　安装门挡条

先将门挡条切成 45° 斜角，然后将门关至合适位置，开始钉门挡条横向部分，之后再钉竖向部分。最后将门挡条上的扣线涂上胶水，之后扣入门挡条上面的槽中。

▲ 切割门挡条

▲ 安装横向门挡条

步骤六　安装门锁和门吸

从门的最下端向上测量 950mm 处是锁的中心位置。门吸安装在门开启方向的内侧。

▲ 安装门锁

▲ 安装门吸

② 推拉门安装

步骤一　安装滑道

按照门洞宽度和门的开启方向安装滑道，以门洞宽度的中心为基准，分两边进行固定。滑道与门梁连接处的左右高度需要一致。

步骤二　安装滑轮以及门扇

将滑轮放入滑槽内，然后再通过人工或其他吊装工具将门扇竖直地放在下方，同时将门扇上面的螺杆套入滑轮上的螺栓孔内，并将其固定。

步骤三　安装限位器

在上滑道的底部或内部采用角钢安装限位器，焊接在距离滑轮边 10mm 的位置，让门扇的开启区域限制在其有效范围内。角钢与滑轮接触处要求必须设置厚度在 20mm 以上的硬质橡胶垫作为缓冲。

步骤四　安装导饼和门下限位器

导饼需要露出地面 10~15mm ，间距 500mm。而门下限位器在安装时，需要将门扇向外推 10~20mm，再用螺钉将限位器固定住。

▲ 安装门窗

▲ 完成图

❸ 窗安装

步骤一　安装连接铁件

① 从窗框顶端和侧端向内各标出 150mm，作为第一个连接铁件的安装点，中间安装点的间距不大于 600mm。

② 安装方法是先把连接铁件与墙体成 45° 放入窗框背面的燕尾槽内，沿顺时针方向把连接件扳成直角，然后旋进 ϕ 4mm×15mm 自攻螺钉固定，严禁用锤子敲打窗框，以免损坏。

步骤二　安装窗框

把窗框放进洞口安装线上就位，用对拔木楔临时固定。校正正、侧面垂直度、对角线和水平度合格后，将木楔固定牢靠。为防止窗框受木楔挤压变形，木楔应塞在窗角、中竖框、中横框等能受力的部位。窗框固定后，应检查其稳固度。

步骤三　塞缝

① 在窗洞口面层粉刷前，需要除去安装时临时固定的木楔，在窗框周围的缝隙内塞入发泡轻质材料，使之形成柔性连接，以适应热胀冷缩。

② 从窗框底部开始清理灰渣，并均匀填实密封膏。连接件与墙面之间的空隙内，也需注满密封膏，其胶液应冒出连接件 1~2mm。严禁用水泥砂浆或麻刀灰填塞，以免窗框架受震变形。

▲ 安装窗框

▲ 塞缝

步骤四 安装窗扇

将窗扇嵌入窗框内，然后推拉检查窗扇的安装效果。塑料门窗安装小五金时，必须先在框架上钻孔，然后用自攻螺钉拧入，严禁直接锤击打入。

二、铝合金门窗安装

铝合金门窗相较而言不易变形，其规格、型号应符合设计要求，五金配件配套齐全，并具有出厂合格证。

步骤一 预埋件安装

洞口预埋铁件的间距必须与门窗框上设置的连接件配套。门窗框上铁脚间距一般为500mm，设置在框转角处的铁脚位置应距转角边缘100~200mm；门窗洞口墙体厚度方向的预埋铁件中心线如设计无规定时，距内墙面100~150mm。

步骤二 弹线

根据设计和施工图纸要求进行弹线，确定门框的位置，准确测量地面标高及门框顶部标高与中横框标高。

步骤三 门窗框安装

① 铝框上的保护膜在安装前后不得撕除或损坏。

② 框子安装在洞口的安装线上，调整正、侧面垂直度、水平度和对角线合格后，用对拔木楔临时固定。

③ 木楔应垫在边、横框能受力的部位，以免框子被挤压变形；组合门窗应先按设计要求进行预拼装，然后先装通长拼樘料，后装分段拼樘料，最后安装基本门窗框。

④ 门窗横向及竖向组合应采用套插方式，搭接应形成曲面组合，搭接量一般不少于10mm，以避免因门窗冷热伸缩和建筑物变形而引起的门窗之间裂缝。缝隙要用密封胶条密封。若门窗框采用明螺栓连接，应用与门窗颜色相同的密封材料将其掩埋密封。

步骤四 门窗固定

铝合金门窗的固定有两种，一种是墙体有预埋铁件的，可直接将铝合金门窗的铁脚和墙体的铁件进行焊接，在焊接完毕后还要做防锈处理。如果墙体没有铁件的话，可以同金属或者塑料膨胀螺栓将其铁脚固定在墙上。

步骤五 门窗安装

① 框与扇是配套组装而成，开启扇需整扇安装，门的固定扇应在地面处与竖框之间安装踢脚板；内外平开门装扇，在门上框钻孔插入门轴，门下地面里埋设地脚并装置门轴；也可在门扇的上部加装油压闭门器或在门扇下部加装门定位器。

② 平开窗可采用横式或竖式不锈钢滑移合页，保持窗扇开启在 90°之间自行定位。门窗扇启闭应灵活无卡阻、关闭时四周严密；平开门窗的玻璃下部应垫减震垫块，外侧应用玻璃胶填封，使玻璃与铝框连成整体；当门采用橡胶压条固定玻璃时，先将橡胶压条嵌入玻璃两侧密封，然后将玻璃挤紧，上面不再注胶。

③ 选用橡胶压条时，规格要与凹槽的实际尺寸相符，其长度不得短于玻璃边缘长度，且所嵌的胶条要和玻璃槽口贴紧，不得松动。

三、塑钢门窗安装

塑钢门窗的隔音性、密闭性较好，且颜色形式种类较多，整体高雅美观。

步骤一　弹安装位置线

在彻底清扫安装施工现场之后，需要按照施工图纸，在施工现场确定好门窗的安装位置，确定好门窗安装的尺寸、高度，并画线标记。

步骤二　框子安装连接铁件

框子连接铁件的安装位置是从门窗框宽和高度两端向内各标出 150mm，作为第一个连接铁件的安装点，中间安装点间距不大于 600mm。安装方法是先把连接铁件与框子成 45°放入框子背面燕尾槽内，顺时针方向把连接件扳成直角，然后成孔旋进 ϕ 4mm×15mm 自攻螺钉固定，严禁用锤子敲打框子，以免损坏。

步骤三　立樘子

把门窗放进洞口安装线上就位，用对拔木楔临时固定。校正正、侧面垂直度、对角线和水平度合格后，将木楔固定牢靠。为防止门窗框受木楔挤压变形，木楔应塞在门窗角、中竖框、中横框等能受力的部位。框子固定后，应开启门窗扇，检查反复开关灵活度，如有问题应及时调整；用膨胀螺栓固定连接件时，一只连接件不得少于 2 个螺栓。如洞口是预埋木砖，则用二只螺钉将连接件紧固于木砖上。

步骤四　塞缝

门窗洞口面层粉刷前，除去安装时临时固定的木楔，在门窗周围缝隙内塞入发泡轻质材料，使之形成柔性连接，以适应热胀冷缩。从框底清理灰渣，嵌入密封膏应填实均匀。连接件与墙面之间的空隙内，也需注满密封膏，其胶液应冒出连接件 1~2mm。严禁用水泥砂浆或麻刀灰填塞，以免门窗框架受震变形。

步骤五　安装小五金

塑料门窗安装小五金时，必须先在框架上钻孔，然后用自攻螺钉拧入，严禁直接锤击打入。

步骤六　安装玻璃

扇、框连在一起的半玻平开门，可在安装后直接装玻璃。对可拆卸的窗扇，如推拉窗扇，可先将玻璃装在扇上，再把扇装在框上。

步骤七　清洁

在塑钢门窗交付之前，撕掉型材表面的保护胶带，如果清洁胶水痕迹，则必须擦拭玻璃板。

四、全玻门安装

全玻门通透性较强，在家装中用于客厅、餐厅或厨房中可以让室内空间更加明亮，而公装中根据玻璃的不同，其展现效果不同。

步骤一　安装弹簧与定位销

确保门底弹簧转轴与门顶定位销的中心线在同一垂直线上。

步骤二　安装玻璃门扇上下夹

如果门扇的上下边框距门横框及地面的缝隙超过规定值，即门扇高度不够，可在上下门夹内的玻璃底部垫木胶合板条。如门扇高度超过安装尺寸，则需裁去玻璃扇的多余部分。如是钢化玻璃则需要重新定制安装尺寸。

步骤三　上下夹固定

定好门扇高度后，在厚玻璃与金属上下夹内的两侧缝隙处同时插入小木条，然后在小木条、厚玻璃门夹之间的缝隙中注入玻璃胶。

步骤四　安装门扇

先将门框横梁上的定位销用本身的调节螺钉调出横梁平面 2mm，再将玻璃门扇竖起来，把门扇下门夹的转动销连接件的孔位对准门底弹簧的转动销轴，并转动门扇将孔位套入销轴上，然后把门扇转动 90°，使之与门框横梁成直角。把门扇上门夹中的转动连接件的孔对准门框横框的定位销，调节定位销的调节螺钉，将定位销插入孔内 15mm 左右。

步骤五　安装拉手

全玻璃门扇上的拉手孔洞，一般在裁割玻璃时加工完成。拉手连接部分插入孔洞中不能过紧，应略有松动；如插入过松，可在插入部分缠上软质胶带。安装前在拉手插入玻璃的部分涂少许玻璃胶，拉手根部与玻璃板紧密结合后再拧紧固定螺钉，以保证拉手无松动现象。

第二节
现场木作制作安装

一、现场木质柜安装

现场木质柜是指在施工现场，根据实际情况制作而成的柜体，是考验木工施工技术的一项重点工法。现场柜体制作和安装要在吊顶和墙面木作施工完成后进行。在制作现场柜体之前，需要清理出空地，用于大型板材的切割作业。在具体的施工过程中，现场木制作柜体，需要把控好尺寸以及柜体的深度、高度等。

步骤一　柜身制作

① 制作柜身木板和抽屉挡板。开始制作柜身，通常活动柜的柜身采用松木板，抽屉内身采用密度板。首先制作二块 77cm×50cm×1.5cm 的柜身木板，然后再制作 8 块 45cm×12cm×1.5cm 的松木抽屉挡板。

② 画出抽屉位置。在柜身面板上画出安装抽屉的位置，并在上面制作圆木榫，最后把 8 块抽屉挡板组合在柜身面板上，形成了一个活动柜的柜身。

▲ 柜身制作步骤

步骤二 柜面包边

① 制作木松板柜面。柜身做好后，再制作一块 45cm×50cm×1.5cm 的松木板，用于做活动柜的柜面。如果没有这么大的整块松木板，可以先用圆木榫拼接而成，然后再把柜面板固定在柜身上面。

② 圆木棒镶嵌柜边。用圆木棒镶嵌柜边，圆木棒直径约 2cm，按要求切割 2 根 50cm 和 1 根 45cm 的圆木棒。然后在衔接处切除 45°的接口，并在内侧涂上木工胶安装上去即可。

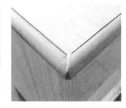

▲ 柜面包边步骤

步骤三 路轨安装

① 标记抽屉路轨的位置。用直尺在抽屉口上方 1.5cm 处标出抽屉路轨的位置，然后根据路轨的规格再标出安装螺丝孔的标记。

② 拆开轨道。把轨道拆开，窄的安装在抽屉架框上，宽的安装在柜体上，安装时，注意要分清前后。

③ 拧上螺钉。把柜体的侧板上的螺钉孔拧上螺钉，一个路轨分别用两个小螺钉一前一后固定。

▲ 路轨安装步骤

步骤四 抽屉制作

① 制定抽屉面板组合。抽屉是由 2 块 46cm×13cm 和 1 块 41cm×13cm，厚 1.5cm 的密度板，加上一块抽屉底板，外加松木板的抽屉面板组合而成的。

② 制作抽屉屉身。首先用密度板制作好抽屉屉身，接口上涂上木工胶，然后安装上松木面板，并在接口上安装直角固定卡。如果条件允许，抽屉也可以采用松木板（或者更好的实木），然后用燕尾榫衔接，这样工艺更加精致，并且牢固。

▲ 抽屉制作步骤

步骤五　打磨上漆

① 柜身打磨。在打造活动柜前，对柜子进行打磨。砂纸有粗砂纸和细砂纸，先用粗的，到一定程度后再用细的，以达到最终要求。

② 柜身刷漆。在上油前一定要把打磨木料时浮在木料表面的木屑清理干净，用有一点点潮的棉布擦。最后就可以打底漆，刷漆了。

▲ 柜身打磨上漆

二、橱柜的制安

橱柜制安是指橱柜的定制、制作以及现场安装的施工工法。在橱柜采用成品定制的情况下，木工不需要掌握橱柜板材的切割方法，但需要掌握成品橱柜进场后的组装工法。不同于板式家具，橱柜的制安同时涉及大理石台面和洗菜槽的安装，因此对施工细节要求较高。

▲ 橱柜现场安装

步骤一　预排尺，计算长度以及柜门数量

① 计算橱柜尺寸。通过预排尺计算出橱柜的长度、宽度和弯角位置等，将数据提供给大理石厂家定制大理石台面。

② 计算柜门数量。通过橱柜的长度计算需要的柜门数量，通知厂家定制柜门。柜门可以选择免漆板、烤漆玻璃和实木等材料。

步骤二　切割，加工橱柜板材

计算出橱柜竖板、横板以及隔板的数量和尺寸，然后使用台锯切割出来，准备接下来的组装。

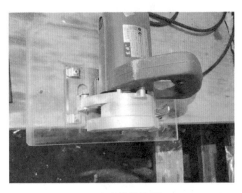

▲ 切割橱柜板材

步骤三　组装橱柜，安装到厨房

① 组装橱柜板材。使用生态钉或地板钉将橱柜板材定在一起，每相邻 2 块板材之间至少需要钉 3 颗钉子，以保证橱柜的稳固度。

② 安装到厨房。橱柜组装好之后，将橱柜移动安装到厨房，贴近墙面，与墙面之间不能留有缝隙。

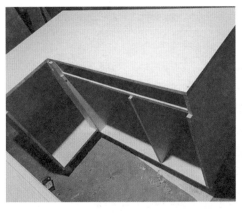

▲ 组装橱柜，安装到位

步骤四　安装大理石台面以及洗菜槽等五金件

① 安装大理石台面。先将大理石台面扣在橱柜板材上，然后使用玻璃胶涂抹在台面和墙面的接缝处。

② 安装洗菜槽。

将洗菜槽安装在大理石台面的豁口里面，使用玻璃胶固定，并安装洗菜槽的下水管道。

步骤五　安装定制柜门

① 安装铰链。橱柜链接选用数量要根据实际安装实验来确定，门板配用的铰链数量取决于门板的宽度和高度、门板的重量、门板的材质。

② 调节门板。通过松开铰座上的固定螺钉，前后滑动铰臂位置，有 2.8mm 的调节范围。调节完毕后，必须重新拧紧螺钉。

▲ 安装大理石台面及洗菜槽

▲ 安装橱柜门板

三、板式家具安装

板式家具安装是指仅需要组装的吊柜、壁柜和固定家具等。这类家具的安装工序简单、易操作，只要按照步骤安装即可。板式家具的板材都是在工厂已经加工好了的，不需要在现场二次加工，并且已经预留好了配件安装的孔洞。在板式家具的组装过程中，只需按照要求将配件和板材柜身连接牢固即可。

步骤一　腾出空间，拆开家具板件

① 清理空间。板式家具的体型较大，因此在安装之前，需要空出足够的空间用来组装家具。一般地点选择在客厅或卧室的中央。

② 拆封并检查零部件。拆开家具板件，检查零部件是否缺少，是否有损坏等问题，并及时解决。在拆开板式家具的时候，一定要先拆除小件，也就是一些辅助性的东西，最后再对大的框架进行拆除，

▲ 拆封并检查家具零部件

防止大的部分散掉从而损害小件部分。

步骤二　组装家具框架

① 各类配件分类摆放。将家具大、小配件分类摆放，结构性部件摆放在一起，小部件摆放在一起，用于安装固定的螺钉等五金件摆放在一起。

② 组装结构性部件。以最大的板材（通常为背板、侧边）为中心进行组装。一边组装，一边用螺钉等五金件固定。安装时需注意，先预装，再固定，避免拆改对家具造成损坏。

步骤三　将家具框架固定在墙面中

将组装好的家具框架固定在安装位置上，注意与墙面贴合严密，并采用膨胀螺栓固定起来。

步骤四　组装家具配件

① 组装家具配件。家具配件按照从大到小的原则安装，先安装家具内的横竖隔板，再安装抽屉等配件。

② 组装五金件和抽屉配件。五金配件与抽屉等配件同时安装，等抽屉组装好之后，安装滑轨、把手，然后再将抽屉固定到家具中。

▲ 膨胀螺栓固定家具框架

步骤五　完工验收

摇晃家具，看家具是否有晃动的迹象，固定是否牢固。悬挂在墙面中的板式家具，拉拽测试膨胀螺栓的固定效果。

▲ 组装并固定五金配件

▲ 完工验收板式家具

第三节
其他设备安装

一、强、弱电箱及开关、插座的安装

强、弱电箱及开关、插座的安装跟电路施工相关，在安装过程中要注意安全用电。

① 强、弱电箱的安装

步骤一　定位画线

在为强、弱电箱定位画线之前，要先为其选定一个合理的安装位置。一般选择在干燥、通风、方便使用处安装，尽量不选择潮湿的位置，以方便使用，然后进行定位画线操作。

步骤二　开槽

开槽剔洞口的位置不可选择在承重墙上。若剔洞时，墙内部有钢筋，则需要重新选择开槽的位置。

步骤三　预埋箱体

将强、弱电箱箱体放入预埋的洞口中。

步骤四　接线

将线路引进电箱内，安装断路器并接线。

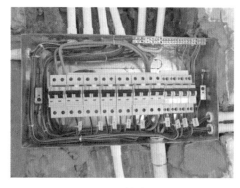

▲ 强电箱接线

▲ 弱电箱接线

步骤五　检测

检测电路，安装面板，并标明每个回路的名称。

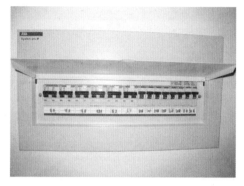

▲ 强电箱标明回路

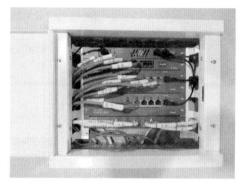

▲ 弱电箱标明回路

❷ 开关、插座的安装

（1）常见开关、插座安装

步骤一　埋盒

① 在建筑工程或各类装修施工中，接线暗盒是必需的电工辅助工具。暗盒主要用于各类开关及插座以及其他电器用接线面板的安装。为保持建筑墙面的整洁美观，暗盒一般都需要进行预埋安装。

② 按照画线位置将暗盒预埋到位，初步完成后，用水平尺检验其是否平直，若不平直，则继续调整。当暗盒与另一个暗盒相邻时，它们中间需预留一定的间距，这个间距通常是指相邻两暗盒的螺孔间距，以 27mm 为宜。

步骤二　敷设线路

将管线按照布管与走线的正确方式敷设到位。

步骤三　清理暗盒

将盒内残存的灰块剔掉，同时将其他杂物一并清出盒外，再用湿布将盒内灰尘擦净。如导线上有污物也应一起清理干净。

步骤四　修剪线路

修剪暗盒内的导线，准备开关、插座

▲ 弱电箱标明回路

的安装。先将盒内甩出的导线留出 15~20cm 的维修长度，削去绝缘层，注意不要碰伤线芯。如开关、插座内为接线柱，则需将导线按顺时针方向盘绕在开关、插座对应的接线柱上，然后旋紧压头。

步骤五　锤子清边
准备安装开关前，需要用锤子清理边框。

步骤六　接线
将火线、零线等按照标准连接在开关上。

▲ 清理暗盒边框

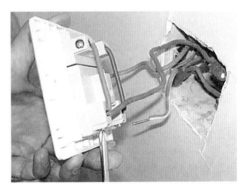

▲ 接线

小贴士

插座面板线路结构

插座面板的接线要求为"左零右火"，L 接火线，N 接零线。

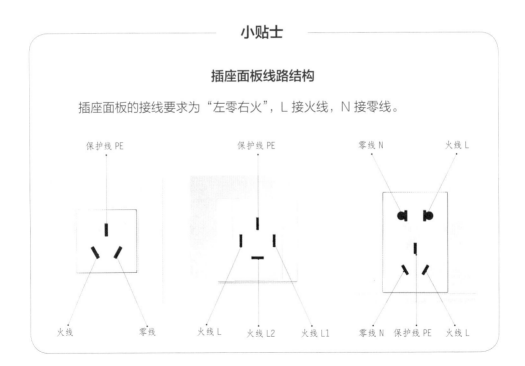

步骤七　调整水平度

用水平尺找平，及时调整开关、插座的水平度。

步骤八　固定面板

用螺丝钉固定后，盖上装饰面板。

▲ 水平尺调整

▲ 安装面板

扩展知识

插座接线故障的检测方法

插座安装后无法使用时，可通过插座检测仪检测其接线是否正确。通过观察验电器上 N、PE、L 三盏灯的亮灯情况，判断插座接线故障。

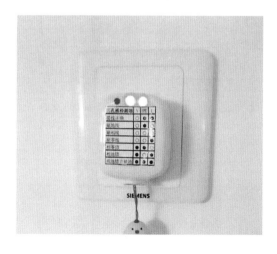

故障原因	N	PE	L
接线正确	○	●	●
缺地线	○	●	○
缺火线	○	○	○
缺零线	○	○	●
火零错	●	●	○
火地错	●	○	●
火地错并缺地	●	●	●

（2）网线插座安装

网线插座安装的重点是将网线和数据模块正确地连接起来，保证网络畅通。

步骤一　处理网线

剥网线时要用专业的网线钳，将距离端头 20mm 处的网线外层塑料套剥去，线芯露出太短时不好操作。注意不要伤害到线芯，然后将网线散开。

▲ 网线

▲ 网线插座

步骤二　网线插座连接

连接时要将网线按照色标顺序卡入线槽，插线时每孔进 2 根线。色标下方有 4 个小方孔，分为 A、B 色标，之后打开色标盖，将网线按色标分好，注意将网线拉直。反复拉扯网线后，确保接触良好，合拢色标盖时，用力卡紧色标盖。

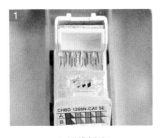

▲ 网线插座

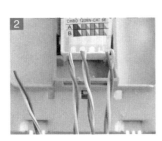

▲ 网线插座

▲ 网线插座

▲ 完成图

▲ 卡紧色标盖

扩展知识

网线水晶头接法及配线

网线水晶头有两种接法，一种是平行线连法，一种是交叉互连法，两种接法的配线方式是不同的。平行线连法是相同设备之间的连接方式，交叉互连法是不同设备之间的连接方式。但目前随着科技的发展，有的设备可以自行识别连接方式，因而也可直接选用平行线连接法。

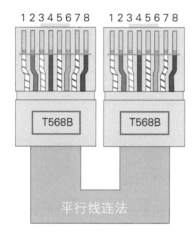

平行线连法

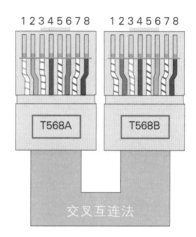

交叉互连法

步骤三　固定面板

保证面板横平竖直，与墙面固定严密。

（3）电话插座安装

步骤一　处理电缆

以四芯线的电缆为例，处理电缆时将电话线自端头约 20mm 处去掉绝缘皮，注意不能损伤到线芯。

步骤二　接线

连接电话插座，将四根线芯按照盒上的接线示意连接到端子上，有卡槽的放入卡槽中固定好。

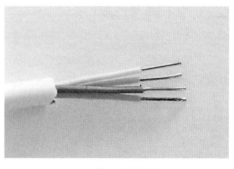

▲ 处理电缆端头

步骤三　固定面板

电话插座通常挨着普通插座设置，需要注意的是彼此顶部要平行，中间不能留有缝隙。

（4）电视插座安装

步骤一　处理电缆

剥开电缆端头的绝缘层，露出线芯约 20mm，金属网屏蔽线露出约 30mm。

步骤二　接线

连接插座面板，横向从金属压片穿过，芯线接中心，屏蔽网由压片压紧，拧紧螺钉。

步骤三　固定面板

螺丝拧紧的过程中，找好水平，然后盖上保护盖。

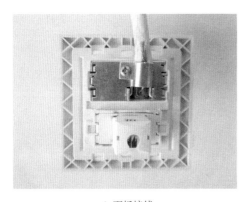

▲ 面板接线

▲ 盖上面板

二、灯具安装

不同种类的灯具安装基本都大同小异，安装前要根据图纸定位，准确按图施工。

❶ 吊灯、吸顶灯安装

步骤一　对照灯具底座画好安装孔的位置，打出尼龙栓塞孔，装入栓塞。

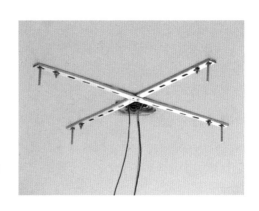

步骤二 将接线盒内的电源线穿出灯具底座，用线卡或尼龙扎带固定导线以避开灯泡发热区。

步骤三 用螺钉固定好底座。

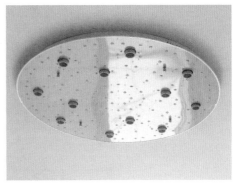

步骤四 安装灯泡。

步骤五 测试灯泡。

步骤六 安装灯罩。

步骤七 完成图。

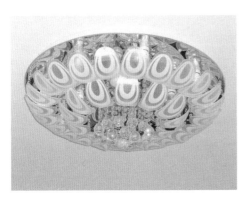

❷ 射灯、筒灯安装

步骤一　开孔

根据设计图纸在吊顶画线，并准确开孔。孔径不可过大，以避免后期遮挡困难的情况。

小贴士

开孔尺寸要求

灯具直径 /mm	开孔尺寸 /mm
125	100
150	125
175	150

步骤二　接线

将导线上的绝缘胶布撕开，并与筒灯相连接。

步骤三　安装测试

根据说明书安装灯具，安装完成后，开关筒灯，测试其是否正常工作。

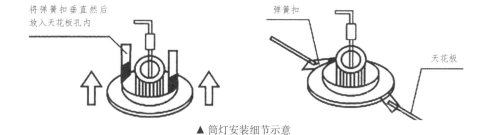

▲ 筒灯安装细节示意

❸ 灯带安装

步骤一　将吊顶内引出的电源线与灯具电源线的接线端子可靠连接。

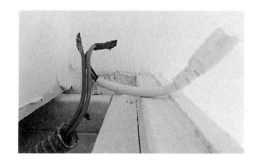

步骤二 将灯具电源线插入灯具接口。　　**步骤三** 将灯具推入安装孔或者用固定带固定。

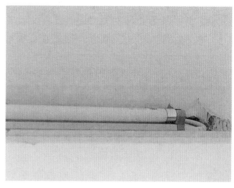

步骤四 调整灯具边框。　　**步骤五** 完成图。

4 浴霸安装

步骤一　前期准备

前期准备时需要确定浴霸类型、确定浴霸安装位置、开通风孔（应在吊顶上方150mm 处）、安装通风窗、准备吊顶（吊顶与房屋顶部形成的夹层空间高度不得小于220mm）。

步骤二　取下浴霸面罩

把所有灯泡拧下并取下面罩。

步骤三　接线

将线的一端与开关面板接好，另一端与电源线一起从天花板开孔内拉出。打开箱体上的接线柱罩，按接线图及接线柱标志所示接好线，并且盖上接线柱罩。使用螺栓将接线柱罩固定后，再将多余的电线塞进吊顶内，以便箱体能顺利塞进孔内。

步骤四　连接通风管

把通风管伸进室内的一端拉出之后，再将其套在离心通风机罩壳的出风口上。

步骤五　安装面罩和灯泡

① 将面罩定位脚与箱体定位槽对准后插入，再把弹簧挂在面罩对应的挂环上。

② 细心地旋上所有灯泡，使之与灯座保持良好的接触，然后将灯泡与面罩擦拭干净。

▲ 连接通风管

三、厨具、洁具的安装

厨具和洁具的安装都与水路施工有关，其安装的好坏关系到日常生活中用水的顺畅程度。

❶ 水龙头安装

步骤一　连接进水管

先把两条进水管接到冷、热水龙头的进水口处（如果是单控龙头只需要接冷水管），之后再把水龙头固定柱穿到两条进水管上。

步骤二　安装水龙头

把冷、热水龙头安装在面盆的相应位置，面盆的开口处放入进水管。

步骤三　安装固定件

将固定件固定好，并把螺母、螺杆旋紧。

步骤四　检查

首先仔细查看出水口的方向，是否向内倾斜（向内倾斜的话，使用时容易碰到头），然后再使用感受一下，如果发现水龙头有向内倾斜的现象，应及时调节、纠正。

② 抽油烟机安装

步骤一 固定安装板

用卷尺、水平尺测量安装板的安装孔位置，用笔做好标记；用冲击钻和大小合适的钻头钻出安装孔，然后装上安装板。

步骤二 安装抽油烟机

将吸油烟机固定到安装板上，调节左右间距，并固定牢固。由于在安装吸油烟机之前，橱柜已经安装完成，因此需要控制吸油烟机的位置在吊柜中间，不可偏向一侧。

步骤三 安装烟道

将逆止阀安装到烟道口，防止发生油烟倒吸现象。在连接吸油烟机和烟道的软管两端，用胶带缠起来密封，要求密封严实，不可留有空隙。

▲ 安装吸油烟机

▲ 安装烟道

③ 净水器安装

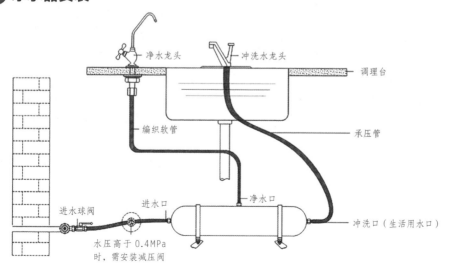
▲ 安装示意图

步骤一 配置净水器

安装前要先检查零件是否齐全，若无问题则将主机与滤芯连接好，再装入反渗透膜，最后拧紧各个接头处以及滤瓶。

步骤二 连接压力桶

将压力桶的小球阀安装在压力桶的进出水口处（注：请勿旋转太紧，易裂）。

步骤三 固定水龙头

将水龙头安装到水槽适当的位置上，固定好水龙头，然后将 2 分（DN8，ϕ 12mm）水管插入水龙头连接口。

步骤四 连接净水器

① 剪适当的水管将各原水、纯水、压力桶、废水管分别连接好。

② 将进水总阀关闭，把进水三通及 2 分（DN8，ϕ12mm）球阀安装好。安装前要检测水压，如高于 0.4MPa，需加装减压阀。

③ 将主机与压力桶连接好后，再将主机与进水口连接好，剪适当长度的管子连接于废水出口处，另一端与下水道连接，然后用扎带固定好废水管。

步骤五 整理验收

① 理顺接好的水管，并用扎带扎好，将压力桶与主机摆放好，插上电源打开水源进行测试。需要注意的是要仔细检查水管是否理顺，防止水管弯折。

② 打开压力桶球阀并检查各接头是否渗水。

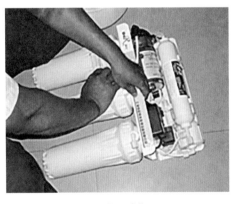

▲ 整理验收

▲ 完成图

❹ 水槽安装

步骤一 预留水槽孔

要给即将安装的水槽留出一定的位置，根据所选款式以及设计要求开孔。

步骤二　组装水龙头

将水龙头的各项配件组装到一起，然后取出水槽，将其安装到台面豁口处。

步骤三　安装下水管

① 安装溢水孔下水管。溢水孔是避免洗菜槽向外溢水的保护孔，因此，在安装溢水孔下水管的时候，要特别注意其与槽孔连接处的密封性，要确保溢水孔的下水管自身不漏水，可以用玻璃胶进行密封加固。

② 安装过滤篮下水管。在安装过滤篮下水管时，要注意下水管和槽体之间的衔接，不仅要牢固，而且还应该密封。这是洗菜槽经常出问题的关键部位，必须谨慎处理。

③ 安装整体排水管。应根据实际情况对配套的排水管进行切割，这个时候要注意每个接口之间的密封。

步骤四　排水试验

将洗菜槽放满水，同时测试过滤篮下水和溢水孔下水的排水情况。发现渗水处再紧固螺帽或者打胶。

步骤五　打胶

做完排水试验，确认没有问题后，对水槽进行封边。使用玻璃胶封边，要保证水槽与台面连接的缝隙均匀，不能有渗水的现象。

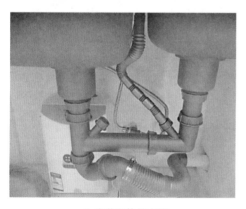
▲ 安装整体排水管

▲ 完成图

❺ 面盆安装

（1）台上盆安装

步骤一　测量

安装台上盆前，要先测量好台上盆的尺寸，再把尺寸标注在柜台上，沿着标注的尺寸切割台面板，以便安装台上盆。

步骤二　安装落水器

接着把台上盆安放在柜台上，先试装落水器，使得水能正常冲洗流动，然后锁住固定。

步骤三　打胶

安装好落水器后，沿着台上盆的边沿涂抹玻璃胶，为安装台上盆做准备。

步骤四　安装台上盆

涂抹玻璃胶后，将台上盆安放在柜台面板上，然后摆正位置。

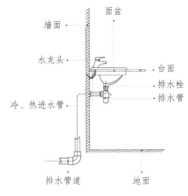

▲ 台上盆安装示意图

（2）台下盆安装

步骤一　测量切割

根据设计图纸要求，进行 1：1 放样，将台下盆的尺寸轮廓描绘在台面上，然后切割面盆的安装孔并进行打磨，最后安装支撑台面的支架。

步骤二　安装台下盆

把面盆暂时放入已开好的台面安装口内，检查间隙，并做好相应的记号。之后在面盆边缘上口涂抹硅胶密封材料，再将面盆小心地放入台面下并对准安装孔，跟先前的记号相校准并向上压紧，最后使用连接件将面盆与台面紧密连接。

步骤三　安装水龙头

等密封胶硬化后，安装水龙头，然后连接进水和排水管件。

❻ 坐便器安装

步骤一　裁切下水口

根据坐便器的尺寸，把多余的下水口管道裁切掉，一定要保证排污管高出地面 10mm 左右。

步骤二　确定坑距、排污口位置

先确认墙面到排污孔中心的距离，测量其是否与坐便器的坑距一致，同时确认排污管中心位置并画上十字线。之后翻转坐便器，在排污口上确定中心位置并画出十字线，或者直接画出坐便器的安装位置。

▲ 切割多余下水管

▲ 测量坐便器进深

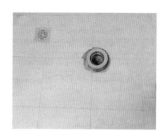
▲ 确定排污口

步骤三　安装法兰

确定坐便器底部安装位置，将坐便器下水口的十字线与地面排污口的十字线对准，保持坐便器水平，用力压紧法兰（没有法兰要涂抹专用密封胶）。

步骤四　安装坐便器盖

将坐便器盖安装到坐便器上，保持坐便器与墙的间隙均匀，平稳端正地摆好。

步骤五　打胶

坐便器与地表面的交会处，用透明密封胶封住，这样可以把卫生间的局部积水挡在坐便器的外围。

❼ 淋浴花洒安装

步骤一　安装阀门

① 关闭总阀门，将墙面上预留的冷、热进水管的堵头取下，打开阀门放出水管内的污水。

② 将冷、热水阀门对应的弯头涂抹铅油，缠上生料带，与墙上预留的冷、热水管头对接，并用扳手拧紧。将淋浴器阀门上的冷、热进水口与已经安装在墙面上的弯头试接，若接口吻合，则将弯头的装饰盖安装在弯头上并拧紧。最后将淋浴器阀门与墙面的弯头对齐后拧紧，扳动阀门，测试安装是否正确。

▲ 冷、热阀门弯头

▲ 阀门与弯头试接

步骤二 安装淋浴器

① 将组装好的淋浴器连接杆放置到阀门预留的接口上，使其垂直直立。然后将连接杆的墙面固定件放在连接杆上部的适合位置上，用铅笔标注出将要安装螺钉的位置，并在墙上的标记处用冲击钻打孔，安装膨胀塞。

② 将固定件上的孔与墙面打的孔对齐，用螺钉固定住，将淋浴器上连接杆的下方在阀门上拧紧，上部卡进已经安装在墙面上的固定件。

③ 在弯管的管口缠上生料带，固定喷淋头，然后安装手持喷头的连接软管即可。

步骤三 清除杂质

安装完毕后，拆下起泡器、花洒等易堵塞配件，让水流出，将水管中的杂质完全清除后再装回。

⑧ 浴缸安装

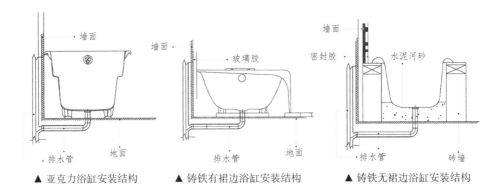

▲ 亚克力浴缸安装结构　　▲ 铸铁有裙边浴缸安装结构　　▲ 铸铁无裙边浴缸安装结构

步骤一 测试水平度

把浴缸抬进浴室，放在下水的位置，用水平尺检查水平度，若不平可通过浴缸下的几个底座来调整水平度。

步骤二 安装排水管

将浴缸上的排水管塞进排水口内，将多余的缝隙用密封胶填充上。

步骤三 安装软管和阀门

将浴缸上面的阀门与软管按照说明书示意连接起来，对接软管与墙面预留的冷、热水管的管路及角阀，然后用扳手拧紧。

步骤四 固定浴缸

拧开控水角阀，检查有无漏水，安装手持花洒和去水堵头，固定浴缸。固定好后要测试浴缸的各项性能，没有问题后将浴缸放到预装位置，与墙面靠紧。

⑨ 地漏安装

步骤一 标记位置

摆好地漏，确定其大概的位置，然后画线、标记地漏位置，确定待切割瓷砖的具体尺寸（尺寸务必精确），再对周围的瓷砖进行切割。

步骤二 安装地漏

以下水管为中心，将地漏主体扣压在管道口，用水泥或建筑胶密封好。地漏上平面低于地砖表面 3~5mm 为宜。

步骤三 安装防臭塞

将防臭塞塞进地漏体，按紧密封，盖上地漏箅子。

▲ 安装地漏

▲ 安装防臭塞

步骤四 测试坡度

安装完毕后，可检查卫生间的泛水坡度，然后再倒入适量水，检查排水是否通畅。

▶ 倒水检查

⑩ 电热水器安装

步骤一 检查

用卷尺测量电热水器的尺寸，与安装位置的尺寸，计算安装空间预留得是否充足。

步骤二 安装箱体

① 用卷尺测量电钻打孔位置，用记号笔在墙面上做标记。打孔完成后用锤子把膨

胀螺栓敲进去，注意要整个敲进去，这样才能使膨胀螺栓更加牢固。

② 使用钳子或者扳手把膨胀螺栓拧紧，使膨胀螺栓头朝上，这样才能将电热水器挂在上面。

③ 将热水器抬起来。筒式的热水器比较重，搬运时要注意。

④ 将热水器后面的挂钩对准膨胀螺栓，将热水器挂在上面并固定好。

步骤三　安装进水管

在墙面冷、热水管上安装角阀，然后将进水软管分别连接电热水器和角阀的两端，并拧紧。

▲ 安装角阀

▲ 连接进水管

四、电器安装

电器包含很多较为大型的用电产品，如空调、电视等，成品的电器安装更为简单、方便。

❶ 空调安装

步骤一　固定安装面板

① 将空调室内机背面的安装板取下，然后把安装板放在预先选择好的安装位置上，此时应保持安装板水平，并且要留下足够的与顶棚及左右墙壁的距离，之后确定打固定墙板孔的位置。

② 用直径 6mm 钻头的电锤打好固定孔后插入塑料胀管，用自攻螺钉将安装板固定在墙壁上。固定孔应为 4~6 个，并且需要用水平仪确定安装板的水平度。

步骤二　打孔

① 打孔时使用电锤或水钻，应根据相应的机器种类和型号选择钻头。使用电锤打孔时要注意防尘；使用水钻打孔的时候要做保护措施，防止水流到墙上。打孔时应尽量避开墙

内外有电线或异物及过硬的墙壁。孔内侧应高于外侧 5~10mm 以便排水，从室内机侧面出管的过墙孔应该略低于室内机下侧。

② 用水钻打孔时应用塑料布贴于墙上或采用其他方法防止水流在墙上，用电锤打孔时应采取无尘安装装置。打完过墙孔后，在孔内放入穿墙保护套管。

▲ 打孔

步骤三 安装连接管

调整好输出、输入管的方向和位置。将室内机输出输入管的保温套管撕开 10~15cm，方便与连接管连接。连管时先连接低压管，后接高压管，将锥面垂直顶至喇叭口，用手将连接螺母拧到螺栓底部，再用两个扳手固定拧紧。

步骤四 包扎连接管

包扎时要按照电源线、信号线在上侧，连接管在中间，水管在下侧的顺序进行包扎。具体操作时，要先确定好出水位置并连接排水管，当排水管不够长，需加长排水管时，应注意排水管加长部分要用护管包住其室内部分，排水管接口要用万能胶密封。排水管在任何位置都不得有盘曲，伸展管道时，可用聚乙烯胶带固定 5~6 个部位。

步骤五 安装空调箱体

将包扎好的管道及连接线穿过穿墙孔，要防止泥沙进入连接管内，并保证空调箱体卡扣入槽，用手晃动时，上、下、左、右不能晃动，最后需要用水平仪测量室内机是否水平。

▲ 安装空调箱体

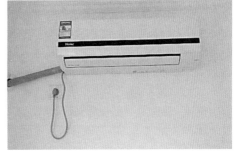

▲ 完成图

❷ 壁挂电视安装

步骤一 确定安装位置

壁挂电视的安装高度应以观看者坐在凳子或沙发上，眼睛平视电视中心或稍下方为宜。通常电视的中心点应距离地面 1.3m 左右。

步骤二　固定壁挂架

根据电视安装位置，标记出壁挂架的安装孔位，然后在标记位置钻孔。接着利用螺钉等固定壁挂架。

步骤三　固定电视

有些电视的后背需要先组装好安装面板，然后挂到壁挂架上；有的则可以直接挂到壁挂架上，然后用螺钉等紧固即可。

五、木窗帘盒、金属窗帘杆的安装

木窗帘盒、金属窗帘杆的安装方式相同。窗帘盒可根据吊顶的不同处理方式，选择是否隐蔽在吊顶内。金属窗帘杆跟窗帘盒相比则更加具有装饰效果。

步骤一　定位与划线

安装窗帘盒、窗帘杆，应按设计图要求进行中心定位，弹好找平线，找好构造关系。

步骤二　预埋件检查和处理

找线后检查固定窗帘盒（杆）的预埋固定件的位置、规格、预埋方式是否能满足安装固定的要求，对于标高、平度、中心位置、出墙距离有误差的应采取措施进行处理。

步骤三　核查加工品

核对已进场的加工品，安装前应核对品种、规格、组装构造是否符合设计及安装的要求。

步骤四　安装窗帘盒（杆）

① 安装窗帘盒。先按平线确定标高，划好窗帘盒中线，安装时将窗帘盒中线对准窗口中线、盒的靠墙部位要贴严、固定方法按个体设计。

② 安装窗帘轨。窗帘轨有单、双或三轨道之分。当窗宽大于 1200mm 时，窗帘轨应断开，断开处煨弯错开，煨弯应平缓曲线，搭接长度不小于 200mm。明窗帘盒一般先安轨道。重窗帘轨应加机螺钉；暗窗帘盒应后安轨道。重窗帘轨道小角应加密间距，木螺钉规格不小于 30mm。轨安装后保持在一条直线上。

③ 窗帘杆安装。校正连接固定件，将杆或钢丝装上，拉于固定件上。做到平、正同房间标高一致。

第七章
装修验收

验收是装修过程中必不可少的一步，及时的验收能够发现许多工程上的问题，便于及时改正，防止水电等隐蔽类工程在施工完成后才发现问题，不便于改正。

第一节
材料验收

一、材料进场验收

做好材料的进场验收，能够有效地避免一些关于材料的争论和施工方以"材料供应影响施工进度和质量"推卸责任等问题。同时了解材料的进场顺序能够更好地把握施工的进度。

① 进场验收要求

（1）通知合同另一方材料验收的时间

材料采购以后，购买方就需要通知另一方准备对材料进行验收，而且这个验收最好是安排在材料进场时立即进行。所以，约定验收时间非常必要，以免出现材料进场时，另一方没有时间对材料进行验收的情况，进而影响施工进度。

（2）材料验收时装修合同中规定的验收人员必须到场

家装合同本身就是一份法律文书，一定要认真对待，最好在合同中明确规定材料验收责任人，这样即使出现问题也能够切实保障业主的权益。如果验收时规定的验收责任人不到场（验收人员又没有合同约定的验收责任人授权），或者验收责任人到场但没有负起验收的责任，都会导致材料出现问题。

（3）验收程序必须严格

验收责任人对合同中规定的每一个材料都应该进行必要的检查，如质量、规格、数量等。

（4）合同中规定的验收责任人应在完成材料验收工作后于验收单上签字

如果检查结果材料合格，验收责任人就应该在材料验收单上签字，这样做才是一个较完整且负责任的过程。

② 材料进场验收单

装修材料进场验收记录

序号	材料名称	规格型号	品牌	单位	数量	生产商家	合格与否	备注

施工方：　　　　　　　　　　业主（验收责任人）：
年　月　日　　　　　　　　　　　　年　月　日

③ 装修材料进场顺序

　　家装工程虽然不算大工程，但是装修中所需主材和辅材数量也不少，各种装修主材和辅材进场有其一定的顺序，一般材料的进场顺序如下表所示：

序号	材料	施工阶段	准备内容
1	防盗门	开工前	最好一开工就能给新房安装好防盗门，防盗门的定做周期一般为一周左右
2	水泥、砂子、腻子等辅料		一般不需要提前预订
3	龙骨、石膏板等		一般不需要提前预订
4	滚刷、毛刷、口罩等工具		一般不需要提前预订
5	白乳胶、原子灰、砂纸等辅料		木工和油工都可能需要用到这些辅料
6	橱柜、浴室柜		墙体改造完毕就需要商家上门测量，确定设计方案，其方案还可能影响水电改造方案
7	水电材料		墙体改造完就需要工人开始工作，这之前要确定施工方案和确保所需材料到场
8	室内门窗		开工前墙体改造完毕就需要商家上门测量

序号	材料	施工阶段	准备内容
9	热水器、小厨宝	水电改前	其型号和安装位置会影响到水电改造方案和橱柜设计方案
10	卫浴洁具		其型号和安装位置会影响到水电改造方案
11	排风扇、浴霸		水电改前其型号和安装位置会影响到电改方案
12	水槽、面盆	橱柜设计前	其型号和安装位置会影响到水改方案和橱柜设计方案
13	抽油烟机、灶具		其型号和安装位置会影响到水改方案和橱柜设计方案
14	防水材料	瓦工入场前	卫浴间先要做好防水工程，防水涂料不需要预订
15	瓷砖、勾缝剂		有时候有现货，有时候要预订，所以先计划好时间
16	地漏		瓦工铺贴地砖时同时安装
17	石材		窗台，地面，过门石，踢脚线都可能用石材，一般需要提前三四天确定尺寸预订
18	吊顶材料	瓦工开始	瓦工铺贴完瓷砖三天左右就可以吊顶，一般吊顶需要提前三四天确定尺寸预订
19	木工板及钉子等	木工入场前	不需要提前预订
20	乳胶漆	油工入场前	墙体基层处理完毕就可以刷乳胶漆，一般到市场直接购买
21	油漆		不需要提前预订
22	地板	较脏的工程完成后	最好提前一周订货，以防挑选的花色缺货，安排前两三天预约
23	壁纸	地板安装后	进口壁纸需要提前20天左右订货，但为防止缺货，最好提前一个月订货，铺装前两三天预约

序号	材料	施工阶段	准备内容
24	玻璃胶及胶枪	开始全面安装前	很多五金洁具安装时需要打一些玻璃胶密封
25	水龙头、厨卫五金件等		一般款式不需要提前预订，如果有特殊要求可能需要提前一周
26	镜子等		如果定做镜子，需要四五天制作周期
27	灯具		一般款式不需要提前预订，如果有特殊要求可能需要提前一周
28	开关、面板等		一般不需要提前预订
29	升降晾衣架		一般款式不需要提前预订，如果有特殊要求可能需要提前一周
30	门锁、门吸、合页等	基本完工后	不需要提前预订
31	地板蜡、石材蜡等	保洁前	保洁前可以买好点的蜡让保洁人员在自己家中使用
32	窗帘	完工前	保洁后就可以安装窗帘，窗帘需要一周左右的订货周期
33	家具		保洁后就可以让商家送货
34	家电		保洁后就可以让商家送货安装
35	配饰		装饰品、挂画等配饰，保洁后业主可以自行选购

二、装修材料质量验收

在装修材料质量的验收前首先要了解材料的环保系数要求，验收时保证材料的环保系数达到标准，再对材料进行质量方面的验收。

① 材料环保系数要求

在提倡绿色、环保理念的现在，室内装修材料的环保系数成了人们的关注点。在采购材料之前要充分地了解装修材料的环保系数要求。

类别	环保系数要求
人造板材	根据国家标准《室内装饰装修材料　人造板及其制品中甲醛释放限量》（GB 18580—2001），对人造板所含甲醛的限量标准值及其检测方法已做了明确规定，达到标志等级的产品即已不构成对人体及环境产生影响和危害，其限量标志为 E1 级，也就是说 E0 级、E1 级的板材可以直接用于室内
油漆涂料	2002 年国家环境局颁布了水性涂料新的绿色标准，规定内墙涂料中VOC（挥发性有机化合物）不大于 3mg/L，其中苯的含量为 0 mg/L，甲苯和二甲苯的含量不大于 2.0 mg/L
壁纸	根据强制性国家标准《室内装饰装修材料　壁纸中有害物质限量》（GB 18585—2001）中，对壁纸中所含有害物质限量标准值及其检测方法已做了明确规定，达到标志等级即限量标志 b 的产品，对人体无害
地毯	按照《室内装饰装修材料　地毯、地毯衬垫及地毯用胶黏剂中有害物质释放限量》（GB 18587 2001）的强制性国家标准要求，总挥发性有机化合物、甲醛等有机化合物都被限制在严格的范围内，A 级为环保型产品，B 级为有害物质释放限量合格产品
PVC 卷材地板（塑料地板）	按照《室内装饰装修材料　聚氯乙烯卷材地板中有害物质限量》（GB 18586—2001）的强制性国家标准要求，卷材地板聚氯乙烯层中氯乙烯单体含量应不大于 5 mg/kg，卷材地板中不得使用铅盐稳定剂；作为杂质，卷材地板中可溶性铅含量应不大于 $20mg/m^2$。卷材地板中可溶性镉含量应不大于 $20mg/m^2$
木制家具	按照《室内装饰装修材料　木家具中有害物质限量》（GB 18584—2001）的强制性国家标准要求，关于木制家具中的游离甲醛和重金属含量都有明确要求，甲醛含量不大于 1.5mg/L，可溶性铅含量不大于 90mg/kg，可溶性镉含量不大于 75mg/kg，可溶性铬、可溶性汞含量不大于 60mg/kg，超标为不合格

② 材料质量验收

目前装饰建材市场中，各种装饰材料优劣并存，质量参差不齐，在选购装饰材料时，如果不具备相关的材料知识，很容易上当受骗。在下表中列举了一些简单明了的选购标准，要求必须符合表中的标准才可视为合格材料。

材料名称	检验标准	是否符合	是否合格
木龙骨	要选木节较少、较小的木方，如果木结大而且多，钉子、螺钉在木节处会拧不进去或者钉断木方。会导致结构不牢固，而且容易从木结处断裂	是 否	是 否
	要选没有树皮、虫眼的木方，树皮是寄生虫栖身之地，有树皮的木方易生蛀虫，有虫眼的也不能用。如果这类木方用在装修中，蛀虫会吃掉所有能吃的木质	是 否	
	要选密度大的木方，用手拿有沉重感，用指甲抠不会有明显的痕迹，用手压木方有弹性，弯曲后容易复原，不会断裂	是 否	
	要尽量选择加工结束时间长一些的，而且没有被露天存放的，因为这样的龙骨比近期加工完的，含水率会低一些，同时变形、翘曲的概率也小一些	是 否	
木质线条	未上漆的木线应先看整根木线是否光洁、平实，手感是否顺滑，有无毛刺。尤其要注意木线是否有节子、开裂、腐朽、虫眼等现象	是 否	是 否
	上漆的木线，可以从背面辨别木质，毛刺多少，仔细观察漆面的光洁度，上漆是否均匀，色度是否统一，有否色差、变色等现象	是 否	
	木线也分为清油和混油两类。清油木线对材质要求较高，市场售价也较高。混油木线对材质要求相对较低，市场售价也比较低	是 否	
电线	电线的外观应光滑平整，绝缘和护套层无损坏，标志印刷清晰，手摸电线时无油腻感	是 否	是 否
	从电线的横截面看，电线的整个圆周上绝缘或护套的厚度应均匀，不应偏芯，绝缘或护套应有一定的厚度	是 否	
白乳胶	外观为乳白色稠厚液体，一般无毒无味、无腐蚀、无污染，应是水性胶粘剂	是 否	是 否
	注意胶体应均匀，无分层，无沉淀，开启容器时无刺激性气味	是 否	

续表

材料名称	检验标准	是否符合	是否合格
细木工板	观察板面是否有起翘、弯曲，有无鼓包、凹陷等；观察板材周边有无补胶、补腻子现象。查看芯条排列是否均匀整齐，缝隙越小越好。板芯的宽度不能超过厚度的 2.5 倍，否则容易变形	是 否	是 否
	用手触摸，展开手掌，轻轻平抚木芯板板面，如感觉到有毛刺扎手，则表明质量不高	是 否	
	用双手将细木工板一侧抬起，上下抖动，倾听是否有木料拉伸断裂的声音，有则说明内部缝隙较大，空洞较多。优质的细木工板应有一种整体感、厚重感	是 否	
	从侧面拦腰锯开后，观察板芯的木材质量是否均匀整齐，有无腐朽、断裂、虫孔等，实木条之间缝隙是否较大	是 否	
胶合板	胶合板要木纹清晰，正面光洁平滑，不毛糙，平整无滞手感。夹板有正反两面的区别	是 否	是 否
	双手提起胶合板一侧，感受板材是否平整、均匀、无弯曲起翘的张力	是 否	
	个别胶合板是将两个不同纹路的单板贴在一起制成的，所以要注意胶合板拼缝处是否严密，是否有高低不平的现象	是 否	
	要注意已经散胶的胶合板。手敲胶合板各部位时，如果声音发脆，则证明质量良好；若声音发闷，则表示胶合板已出现散胶现象	是 否	
	胶合板应该没有明显的变色及色差，颜色统一，纹理一致。注意是否有腐朽变质现象	是 否	
薄木贴面板	观察贴面（表皮），看贴面的厚薄程度，越厚的性能越好，油漆后实木感逼真、纹理清晰、色泽鲜亮饱和度好	是 否	是 否
	装饰性要好，其外观应有较好的美感，材质应细致均匀、色泽清晰、木色相近、木纹美观	是 否	
	表面无明显瑕疵，其表面光洁，无毛刺沟痕和刨刀痕；应无透胶现象和板面污染现象	是 否	

材料名称	检验标准	是否符合	是否合格
纤维板	纤维板应厚度均匀，板面平整、光滑，没有污渍、水渍、胶渍等	是 否	是 否
	四周板面细密、结实、不起毛边	是 否	
	用手敲击板面，声音清脆悦耳、均匀的纤维板质量较好。如声音发闷，则可能发生了散胶问题	是 否	
刨花板	注意厚度是否均匀，板面是否平整、光滑，有无污渍、水渍、胶渍等	是 否	是 否
	刨花板中不允许有断痕、透裂、单个面积大于 $40mm^2$ 的胶斑、石蜡斑、油污斑等污染点、边角残损等缺陷	是 否	
铝塑板	看厚度是否达到要求，必要时可使用游标卡尺测量。还应准备一块磁铁，检验一下所选的板材是铁还是铝	是 否	是 否
	看铝塑板的表面是否平整光滑，有无波纹、鼓泡、疵点、划痕	是 否	
铝扣板	拿一块样品敲打几下，仔细倾听，声音脆说明基材好，声音发闷说明杂质较多	是 否	是 否
	拿一块样品反复掰折，看它的漆面是否脱落、起皮。好的铝扣板漆面只有裂纹，不会有大块油漆脱落。好的铝扣板正背面都有漆，因为背面的环境更潮湿，有背漆的铝扣板的使用寿命比只有单面漆的更长	是 否	
	铝扣板的龙骨材料一般为镀锌钢板，看它的平整度、加工的光滑程度以及龙骨的精度，误差范围越小，精度越高，质量越好	是 否	
石膏板	观察纸面，优质纸面石膏板用的是进口的原木浆纸，纸轻且薄，强度高，表面光滑，无污渍，纤维长，韧性好。而劣质的纸面石膏板用的是再生纸浆生产出来的纸张，较重较厚，强度较差，表面粗糙，有时可看见油污斑点，易脆裂。纸面的好坏还直接影响到石膏板表面的装饰性能。优质纸面石膏板表面可直接涂刷涂料，劣质纸面石膏板表面必须做满批腻子后才能做最终装饰	是 否	是 否

续表

材料名称	检验标准	是否符合	是否合格
石膏板	观察板芯，优质纸面石膏板选用高纯度的石膏矿作为芯体材料的原材料，而劣质的纸面石膏板对原材料的纯度缺乏控制。纯度低的石膏矿中含有大量的有害物质，好的纸面石膏板的板芯白，而差的纸面石膏板板芯发黄（含有黏土）颜色暗淡	是 否	是 否
	观察纸面黏结强度，用裁纸刀在石膏板表面划一个45°角的"叉"，然后在交叉的地方揭开纸面，优质的纸面石膏板的纸张依然黏结在石膏芯上，石膏芯体没有裸露；而劣质纸面石膏板的纸张则可以撕下大部分甚至全部纸面，石膏芯完全裸露出来	是 否	
装饰石材	观，即肉眼观察石材的表面结构。一般说来，均匀的细料结构的石材具有细腻的质感，为石材之佳品；粗粒及不等粒结构的石材外观效果较差，机械力学性能也不均匀，质量稍差	是 否	是 否
	量，即量石材的尺寸规格，以免影响拼接，或造成拼接后的图案、花纹、线条变形，影响装饰效果	是 否	
	听，即听石材的敲击声音。一般而言，质量好的，内部致密均匀且无显微裂隙的石材，其敲击声清脆悦耳；相反，若石材内部存在显微裂隙、细脉或因风化导致颗粒间接触变松，则敲击声粗哑	是 否	
	试，即用简单的试验方法来检验石材质量好坏。通常在石材的背面滴上一小滴墨水，如墨水很快四处分散浸出，即表示石材内部颗粒较松或存在显微裂隙，石材质量不好；反之，若墨水滴在原处不动，则说明石材致密质地好	是 否	
陶瓷墙地砖	用尺测量，质量好的地砖规格大小统一、厚度均匀、边角无缺陷、无凹凸翘角等，边长的误差不超过0.2~0.3cm，厚薄的误差不超过0.1cm	是 否	是 否
	用耳听，可用手指垂直提起陶瓷砖的边角，让瓷砖轻松垂下，用另一手指轻敲瓷砖中下部，声音清亮明脆的是上品，沉闷混浊的是下品	是 否	
装饰玻璃	检查玻璃材料的外观，看其平整度，观察有无气泡、夹杂物、划痕、线道和雾斑等质量缺陷。存在此类缺陷的玻璃，在使用中会发生变形或降低玻璃的透明度、机械强度以及玻璃的热稳定性	是 否	是 否

材料名称	检验标准	是否符合	是否合格
壁纸	好的壁纸色牢度高，用湿布或水擦洗而不发生变化	是 否	是 否
	壁纸表面涂层材料及印刷颜料都需经优选并严格把关，能保证壁纸经长期光照后（特别是浅色、白色墙纸）不发黄	是 否	
	看图纹风格是否独特，制作工艺是否精良	是 否	
乳胶漆	用鼻子闻：真正环保的乳胶漆应是水性无毒无味的，所以当你闻到刺激性气味或工业香精味，就不能选择	是 否	是 否
	用眼睛看：放一段时间后，正品乳胶漆的表面会形成厚厚的、有弹性的氧化膜，不易裂；而次品只会形成一层很薄的膜，易碎，具有辛辣气味	是 否	
	用手感觉：用木棍将乳胶漆拌匀，再用木棍挑起来，优质乳胶漆往下流时会成扇面形。用手指摸，正品乳胶漆应手感光滑、细腻	是 否	
木器漆	有些厂家为了降低生产成本，没有认真执行国家标准，有害物质含量大大超过标准规定，如三苯含量过高，它可以通过呼吸道及皮肤接触，使身体受到伤害，严重的可导致急性中毒。木器漆的作业面比较大，不能为了贪一时的便宜，给今后的健康留下隐患	是 否	是 否
地毯	观察地毯的绒头密度，可用手去触摸地毯，产品的绒头质量高，毯面的密度就丰满，这样的地毯弹性好、耐踩踏、耐磨损、舒适耐用。但不要采取挑选长毛绒的方法来辨别地毯质量，表面上看起来绒绒乎乎好看，但绒头密度稀松，易倒伏变形，这样的地毯不抗踩踏，易失去地毯特有的性能，不耐用	是 否	是 否
	检测色牢度，色彩多样的地毯，质地柔软，美观大方。选择地毯时，可用手或试布在毯面上反复摩擦数次，看手或布上是否粘有颜色，如粘有颜色，则说明该产品的色牢度不佳，地毯在铺设使用中易出现变色和掉色现象，影响在铺设使用中的美观效果	是 否	
	检测地毯背衬剥离强力，簇绒地毯的背面用胶乳粘有一层网格底布。在检验该类地毯时，可用手将底布轻轻撕一撕，看看黏力的程度，如果黏力不高，底布与毯体就容易分离，这样的地毯不耐用	是 否	
五金配件	仔细观察外观工艺是否粗糙	是 否	是 否
	用手折合（或开启）几次看开关是否自如，有无异常噪声	是 否	

第二节
现场施工验收

一、装修质量监控

装修质量监控是家庭装修的重要步骤，对装修中的各个部分进行阶段性控制可以避免装修后期一些质量问题的出现。每个阶段验收项目都不相同，尤其是中期阶段的隐蔽工程验收，对家庭装修的整体质量来说至关重要。

① 装修初期质量监控

初期检验最重要的是检查进场材料（如腻子、胶类等）是否与合同中预算单上的材料一致，尤其要检查水电改造材料（电线、水管）的品牌是否属于前期确定的品牌，避免进场材料中掺杂其他材料影响后期施工。

② 装修中期质量监控

一般装修进行 15 天左右就可进行中期检验（别墅施工时间相对较长），中期工程是装修检验中最复杂的步骤，其检验是否合格将会影响后期多个装修项目的进行。

① 吊顶。首先要检查吊顶的木龙骨是否涂刷了防火材料，其次是检查吊杆的间距，吊杆间距不能过大，否则会影响其承受力，间距应在 600~900mm。再次要查看吊杆的牢固性，是否有晃动现象。吊杆应该使用膨胀螺栓固定，一些工人为了节约成本使用木栓，难以保证吊杆的稳定性。垂直方向上吊杆必须使用膨胀螺栓固定，横向上可以使用塑料螺栓。最后还应该用拉线的方法检查龙骨的平整度。

② 水路改造。对水路改造的检验主要是进行打压实验，打压时压力不能小于 6 公斤力，打压时间不能少于 15min，然后检查压力表是否有泄压的情况，如果出现泄压则要检查阀门是否关闭，如果出现管道漏水问题要立即通知项目负责人，将管道漏水情况处理后才能进行下一步施工。

③ 电路改造。检验电路时，一定要注意使用的电线是否为预算单中确定的品牌以及电线是否达标。检验电路改造时还要检查插座的封闭情况，如果原来的插座进行了移

位，移位处要进行防潮防水处理，应用三层以上的防水胶布进行封闭。同时还要检验吊顶里的电路接头是否也用防水胶布进行了处理。

④ 木制品。首先要检查现场木作时尺寸是否精确。现场制作的木门还应验收门的开启方向是否合理，木门上方和左右的门缝不能超过 3mm，下缝一般为 5~8mm。除了查看门缝，还应该检查门套的接缝是否严密。

⑤ 墙砖、地砖。墙、地砖主要是检查其空鼓率和色差。业主可以使用小锤子敲打墙、地砖的边角，检查是否存在空鼓现象。墙、地砖的空鼓率不能超过 5%，否则会出现脱落。值得注意的是，墙、地砖不允许出现中间空鼓，砂浆不饱满、基层处理不当、瓷砖泡水时间不足都可能导致瓷砖中间空鼓。检查色差时要注意瓷砖的品牌是否相同、是否是同一批号以及是否在同一时间铺贴。一般情况下，无缝砖的砖缝在 1.5mm 左右，不能超过 2mm，边缘有弧度的瓷砖砖缝为 3mm 左右。

⑥ 墙面、顶面。验收墙面、顶面应该检查其腻子的平整度，可以用靠尺进行检验，误差在 2~3mm 以内为合格。业主在验收墙面、顶面时尤其要注意阴阳角是否方正、顺直，用方尺检验即可。

⑦ 防水。防水验收是中期验收的另一个重头戏，主要就是通过做闭水实验来验收。除了检验地漏房间的防水，还应检验淋浴间墙面的防水，检验墙面防水时可以先检查墙面的刷漆是否均匀一致，有无漏刷现象，尤其要检查阴阳角是否有漏刷，避免阴阳角漏刷导致返潮发霉。墙面的防水高度也要进行检验，一般淋浴间的防水高度为 1.8m 左右。如果在中期检验时发现了问题，应立即告之工人要求整改，工人整改完毕后应通知业主进行再次检验。

❸ 装修后期质量控制

后期控制相对中期检验来说比较简单，主要是对中期项目的收尾部分进行检验。如木制品、墙面、顶面，可对其表面油漆、涂料的光滑度、是否有流坠现象以及颜色是否一致进行检验。

① 电路主要查看插座的接线是否正确以及是否通电，卫浴间的插座应设有防水盖。

② 水路改造的检查同样还是重点。需要检查有地漏的房间是否存在"倒坡"现象，检验方法非常简单：打开水龙头或者花洒，一定时间后看地面流水是否通畅，有无局部积水现象。除此之外，还应对地漏、坐便器和洗手盆的下水是否通畅进行检验。

③ 除了对中期项目的收尾部分进行检验，还应检验地板、塑钢窗等尾期进行的装修项目。检验地板时，应查看地板的颜色是否一致，是否有起翘、响声等情况。检验塑钢窗时，可以检查塑钢窗的边缘是否留有 1~2cm 的缝隙填充发泡胶。此外还要检查塑钢窗的牢固性，一般情况下，每 60~90cm 应该打一颗螺栓固定塑钢窗，如果塑钢窗的固定螺栓太少将影响塑钢窗的使用。

④ 在进行尾期检验时，还应该注意一些细节问题，例如，厨房、卫浴间的管道是否留有检查备用口，水表、气表的位置是否便于读数等。后期检验需要业主、设计师、工程监理、施工负责人四方参与，对工程材料、设计、工艺质量进行整体检验，合格后才可签字确认。

二、水路施工质量验收

水路施工是所有施工过程中较为重要的项目之一，其质量验收要更加严格。

1 水路施工中容易出现的问题

（1）工人进场时，要检查原房屋是否有裂缝，各处水管及接头是否有渗漏；检查卫浴设备及其功能是否齐全，设计是否合理，酌情修改方案；并做 24h 蓄水实验；检查的结果业主应签字。

（2）用符合国家标准的后壁热镀管材、PPR 管或铝塑管，并按功能要求施工，PPR 管材连接方式为焊接，PVC 管为胶接；管道安装横平竖直、布局合理、地面高度 350mm 便于拆装、维修；管道接口螺纹 8 牙以上，进

▲ 水路施工问题

管必须 5 牙以上，冷水管道生料带 6 圈以上，热水管道必须采用铅油，油麻不得反方向回纹。

（3）水系统安装前，必须检查水管、配件是否有破损、砂眼等；管与配件的连接必须正确而且加固。给、排水系统布局要合理，尽量避免交叉，严禁斜走。水路应与电路距离 500~1000mm。燃气式热水的水管出口和淋浴龙头的高度要根据燃具具体要求而定。

（4）安装 PPR 管时，热熔接头的温度必须达到 250~400℃，接熔后接口必须无缝隙、平滑、接口方正。安装 PVC 下水管时要注意放坡，保证下水畅通，无渗漏、倒流现象。如果坐便器的排水孔要移位，其抬高高度至少有 200mm。坐便器的给水管必须采用 6 分管（20~25 铝塑管）以保证冲水压力，其他给水管采用 4 分管（16~20 铝塑管）；排水要直接到主水管里，严禁用 ϕ50mm 以下的排水管。不得冷、热水管配件混用。

❷ 水路施工质量快速验收表

检验标准	是否符合
管道工程施工符合工艺要求外，还应符合国家有关标准规范	是　否
给水管道与附件、器具连接严密，经通水实验无渗水	是　否
排水管道应畅通，无倒坡、无堵塞、无渗漏，地漏篦子应略低于地面	是　否
卫生器具安装位置正确，器具上沿要水平端正牢固，外表光洁无损伤	是　否
管材外观质量：管壁颜色一致，无色泽不均匀及分解变色线，内外壁应光滑、平整，无气泡、裂口、裂纹、脱皮、痕纹及碰撞凹陷。公称外径不大于32mm，盘管卷材调直后截断面应无明显椭圆变形	是　否
管检验压力，管壁应无膨胀、无裂纹、无泄漏	是　否
明管、主管管外皮距墙面距离一般为 2.5~3.5cm	是　否
冷热水间距一般为 150~200mm	是　否
卫生器具采用下供水，甩口一般距地面 350~450mm	是　否
洗脸盆、台面一般距地面 800mm，沐浴器为 1800~2000mm	是　否
阀门注意方面：低进高出，沿水流方向	是　否

三、电路施工质量验收

电路施工的质量关乎着甲方人员的人身安全，安全的电路才能防止意外的发生。

❶ 电路施工中容易出现的问题

（1）设计布线时，执行强电走上，弱电在下，横平竖直的原则。强电、弱电穿管走线的时候不能交叉，要分开。一定要穿管走线，切不可在墙上或地下开槽后明铺电线之后，用水泥封堵了事，给以后的故障检修带来麻烦。另外，穿管走线时电视线和电话线应与电力线分开，以免发生漏电伤人毁物甚至着火的事故。

▲ 电路施工问题

（2）槽深度应一致，一般是 PVC 管直径 +10mm；电源线所用导线截面积应满足用电设备的最大输出功率。一般情况，照明 1.5mm²，空调挂机及插座 2.5mm²，柜机 4.0mm²，进户线 10.0mm²。

（3）电线应选用铜质绝缘电线或铜质塑料绝缘护套线，保险丝要使用铅丝，严禁使用铅芯电线或铜丝做保险丝。施工时要使用三种不同颜色外皮的塑质铜芯导线，以便区分火线、零线和接地保护线，切不可图省事用一种或两种颜色的电线完成整个工程。

（4）电线敷设必须配阻燃 PVC 管。插座用 SG20 管，照明用 SG16 管。当管线长度超过 15m 或有两个直角弯时，应增设拉线盒。顶棚上的灯具位设拉线盒固定。PVC 管应用管卡固定。PVC 管接头均用配套接头，用 PVC 胶水粘牢，弯头均用弹簧弯曲。暗盒，拉线盒与 PVC 管用锣接固定。

（5）PVC 管安装好后，统一穿电线，同一回路电线应穿入同一根管内，但管内总根数不应超过 8 根，电线总截面积（包括绝缘外皮）不应超过管内截面积的 40%。

（6）电源线与通信线不得穿入同一根管内。电源线及插座与电视线及插座的水平间距不应小于 500mm。电线与暖气、热水、燃气管之间的平行距离不应小于 300mm，交叉距离不应小于 100mm。

（7）穿入配管导线的接头应设在接线盒内，线头要留有余量 150mm，接头搭接应牢固，绝缘带包缠应均匀紧密。安装电源插座时，面向插座的左侧应接零线，右侧应接火线，中间上方应接地保护线。接地保护线为 2.5mm² 的双色软线。

（8）当吊灯自重在 1kg 及以上时，要采用金属链吊装且导线不可受力。应先在顶板上安装后置埋件，然后将灯具固定在后置埋件上。严禁安装在木楔、木砖上。连接开关、螺口灯具导线时，火线应先接开关，开关引出的火线应接在灯中心的端子上，零线应接在螺纹的端子上。

（9）导线间和导线对地间电阻必须大于 0.5MΩ。强电与弱电插座保持 50cm，强电与弱电要分线穿管。明装插座距地面应不低于 1.8m；暗装插座距地面不低于 0.3m，为防止儿童触电、用手指触摸或用金属物插捅电源的孔眼，一定要选用带有保险挡片的安全插座；单相二眼插座的施工接线要求是：当孔眼横排列时为"左零右火"；竖排列时为"上火下零"；单相三眼插座的接线要求是：最上端的接地孔眼一定要与接地线接牢、接实、接对，绝不能不接。余下的两孔眼按"左零右火"的规则接线，值得注意的是零线与接地保护线切不可错接或接为一体；电冰箱应使用独立的、带有保护接地的三眼插座。严禁自做接地线接于燃气管道上，以免发生严重的火灾事故；抽油烟机的插座也要使用三眼插座，接地孔的保护绝不可掉以轻心；卫生间常用来洗澡冲凉，易潮湿，不宜安装普通型插座。

（10）每户应设置强弱电箱，配电箱内应设动作电流 30mA 的漏电保护器，分数路经过控开后，分别控制照明、空调、插座等。控开的工作电流应与终端电器的最大工作电流相匹配，一般情况下，照明 10A，插座 16A，柜式空调 20A，进户 40~60A。

❷ 电路施工质量快速验收表

检验标准	是否符合
所有房间灯具使用正常	是　否
所有房间电源及空调插座使用正常	是　否
所有房间电话、音响、电视、网络使用正常	是　否
有详细的电路布置图，标明导线规格及线路走向	是　否
灯具及其支架牢固端正，位置正确，有木台的安装在木台中心	是　否
导线与灯具连接牢固紧密，不伤灯芯，压板连接时无松动水平无斜，螺栓连接时，在同一端子上导线不超过两根，防松垫圈等配件齐全	是　否

四、隔墙施工质量验收

隔墙的施工质量一定程度上能够影响房间隔音的效果，因此在质量验收时要格外注意。

❶ 隔墙工程常见质量问题

（1）石膏空心条板隔墙在使用过程中，吸水性比较大，容易受潮，造成强度下降。

当石膏空心板安装完毕时，可以加强通风，保持室内环境干燥，使板内水分充分蒸发掉。如果在使用过程中发现隔墙受潮变形，又无法修补时，必须拆除原有隔墙条板，重新安装并做好处理。

（2）在使用中，木板条隔墙的抹灰层出现开裂、空鼓和脱落等质量缺陷，不仅影响装饰效果，也会影响隔墙的使用功能。用于木板条隔墙的板材不得使用有腐朽、劈裂等缺陷的材质。施工中，板条的接头应分段错开，每段长度以 50cm 左右为宜。在正式抹灰前，板条的铺钉质量必须经过检验，合格后才可进行抹灰。

（3）为防止纸面石膏板开裂，首先要清除缝内的杂物，当嵌缝腻子初凝时，再刮一层较稀的，厚度掌握在 1mm 左右，随即贴穿孔纸带，纸带贴好后放置一段时间，待水分蒸发后，在纸带上再刮一层腻子，把纸带压住，同时把接缝板面找平。

（4）隔墙板与地面连接不牢固。在楼地面上没有做好凿毛清洁工作，使填塞的细石混凝土落度大，填塞不严，造成墙板与楼地面连接不牢；或隔墙板与两侧墙面及板与板之间用胶粘剂黏结时，胶粘剂与板材不配套，造成黏结不牢，出现缝隙。切割板材时，一定要找平整的地面。地面上突出的砂浆、混凝土块等必须剔除并清扫干净。

（5）板材的接缝处高低不平。由于采用了厚薄不一致的条板，在安装时又没有用靠尺找平和校正，造成板面不平整、不垂直，影响了装饰效果。在选择板材时，要将厚薄误差大或因受潮变形的板材挑出，在同一面隔墙上必须使用厚度一致的板材。安装中应随时用 2m 靠尺及塞尺测量墙面的平整度，用 2m 托线板检查板材的垂直度。

（6）骨架隔墙在施工前不弹线或弹线位置不正确。由于骨架隔墙在施工前没有弹线或弹线位置不正确，导致轻钢龙骨的安装位置不准，造成隔墙不直或偏移，严重的可使房间不方正，出现斜角。必须按照设计要求在地面和顶面分别弹出沿地、沿顶龙骨的中心线和位置线，以及隔墙两边竖向龙骨的中心线、位置线和门洞位置线。

（7）纸面石膏板的安装和固定必须符合要求。由于没有按照设计规范要求施工，使得纸面石膏板与周围的墙、柱表面接缝、与龙骨固定以及板与板接缝等出现变形、折裂、损伤等缺陷，既影响美观，又影响施工质量。纸面石膏板应在无应力的状态下安装，不得强压就位。板与周围的墙或柱应松散结合，应留有不大于 3mm 的槽口，先将 6mm 左右的嵌缝膏加注好，然后铺板挤压嵌缝膏使其与邻近表层紧密接触，阴角处用腻子嵌满，贴上玻纤带，而阳角处应做好护角。

（8）木龙骨隔墙的骨架固定不牢固，发生晃动。由于木龙骨尺寸有误差或是质量太差，造成木龙骨隔墙上下槛与主体结构固定不牢固，导致隔墙晃动倾斜，严重的可发生倒塌。在选择隔墙用木龙骨时，其用料尺寸不得小于 40mm×70mm，不得使用有腐朽、劈裂、扭曲、多节等缺陷的木龙骨材料。

② 隔墙施工质量快速验收表

检验标准	是否符合
骨架隔墙所用龙骨、配件、墙面板、填充材料及嵌缝材料的品种、规格、性能和技术木材含水率应符合设计要求。有隔声、隔热、阻燃、防潮等特殊要求的工程，材料应有相应性能等级检测报告	是　否
骨架隔墙工程边框龙骨必须与基体结构连接牢固，并应平整、垂直、位置正确	是　否
骨架隔墙中龙骨间距和构造连接方法应符合设计要求。骨架内设备管线的安装、门窗洞口等部位加强龙骨应安装牢固、位置正确，填充材料的设置应符合设计要求	是　否
木龙骨及木墙面板的防火和防腐处理应符合设计要求	是　否
墙面板所用接缝材料的接缝方法应符合设计要求	是　否
骨架隔墙表面应平整光滑、色泽一致、洁净、无裂缝，接缝应均匀、顺直	是　否
骨架隔墙上的孔洞、槽、盒应位置正确、套割吻合、边缘整齐	是　否
骨架隔墙内的填充材料应干燥，填充应密实、均匀、无下坠	是　否

五、墙面抹灰质量验收

墙面抹灰质量关系到后面涂刷油漆等方面的施工，施工前、中、后期都需要进行验收。

① 墙面抹灰常见质量问题

（1）砖墙或混凝土基层抹灰后，由于水分的蒸发、材料的收缩系数不同、基层材料不同等，容易在不同基层墙面的交接处，如接线盒周围等，出现空鼓、裂缝问题。做好抹灰前的基层处理是确保抹灰质量的关键措施之一，必须认真对待。墙面上所有的接线盒的安装时间应注意，一般在墙面打点冲筋后进行。抹灰工与电工同时配合作业，安装后接线盒与冲筋面相平，因此可避免接线盒周围出现空鼓、裂缝等质量问题。

（2）水泥砂浆经过一段时间凝结硬化后，在抹灰层出现析白现象，影响美观的同时也污染环境。在进行抹灰之前，须用方、横线找平、竖线吊直，这是确保抹灰面平整、方正的标准和依

▲ 墙面抹灰问题

据；在做灰饼和冲筋时，要注意不同的基层要用不同的材料，如水泥砂浆的墙面，要用 1：3 的水泥砂浆；在罩面灰施工前，应进行一次质量检查验收，如果有不合格之处，必须进行修整后方可进行罩面灰施工。

（3）如果基层比较光滑而没有进行凿毛处理，会影响水泥砂浆层与基层的黏结力，导致水泥砂浆层容易脱落；如果基层浇水没有浇透，会使抹灰后砂浆中的水分很快被基层吸收，从而影响了水泥的水化作用，导致水泥砂浆与基层的黏结性能降低，易使抹灰层出现空鼓、开裂等问题。抹灰前将基层表面残留的灰浆、疙瘩等铲除干净；表面有孔洞时，应先按孔洞的深浅用水泥砂浆或细石混凝土找平；过于光滑的墙面，必须凿毛，每 10mm 剁三道，如有油污严重时要刮掉凿毛；砖墙基层一般情况下需浇水 2~3 遍，当砖面渗水达到 8~10mm 时方可抹灰。

（4）抹灰不分层，一次抹压成活，难以抹压密实，很难与基层黏结牢固。且由于砂浆层一次成型，其厚度厚、自重大，易下坠并将灰层拉裂，同时也易出现起鼓、开裂的现象。抹灰应分层进行，且每层之间要有一定的时间间隔。一般情况下，当上一层抹灰面七八成干时，方可进行下一层面的抹灰。

（5）水泥砂浆抹在石灰砂浆上。由于水泥砂浆强度高，而石灰砂浆强度低，两种砂浆的收缩系数不一样，导致抹灰层出现开裂、起翘等现象。水泥砂浆面层必须抹在水泥砂浆基层上，石灰砂浆面层必须抹在石灰砂浆基层上，两者不允许搭配使用。

（6）抹灰层厚度过大，不仅浪费物力和人力，而且会影响质量。抹灰层过厚，容易使抹灰层开裂、起翘，严重的会导致抹灰层脱落，引发安全事故。抹灰层并不是越厚越好，只要达到质量验评标准的规定即可。如顶面抹灰厚度为 15~20mm、内墙抹灰厚度为 18~20mm 等。

❷ 墙面抹灰施工质量快速验收表

检验标准	是否符合
抹灰前将基层表面的尘土、污垢、油污等清理干净，并应浇水湿润	是　否
一般抹灰所用的材料的品种和性能应符合设计要求。水泥的凝结时间和安定性复检应合格。砂浆的配合比应符合设计要求	是　否
抹灰工程应分层进行。当抹灰总厚度大于或等于35mm时，应采取加强措施。不同材料基体交接处表面的抹灰，应采取防止开裂的加强措施，当采用加强网时，加强网与各基体的搭接宽度不应小于100mm	是　否
抹灰层与基层之间及各抹灰层之间必须黏结牢固，抹灰层应无脱层、空鼓，面层应无爆灰和裂缝等缺陷	是　否
一般抹灰工程的表面质量应符合下列规定：普通抹灰表面应光滑、洁净、平整，分格缝应清晰；高级抹灰表面应光滑、洁净、颜色均匀、无抹纹，分格缝和灰线应清晰美观	是　否
护角、孔洞、槽、盒周围的抹灰表面应整齐、光滑。管道后面的抹灰表面应平整	是　否
抹灰总厚度应符合设计要求，水泥砂浆不得抹在石灰砂浆上，罩面石膏灰不得抹在水泥砂浆层上	是　否
抹灰分格缝的设置应符合设计要求，宽度和深度应均匀，表面应光滑，棱角要整齐	是　否
有排水要求的部位应做滴水线（槽）。滴水线（槽）应整齐平顺，滴水线应内高外低，滴水槽的宽度和深度均应不小于10mm	是　否

六、墙砖质量验收

墙砖在施工后要对砖面进行一定的处理，保障其美观性。

❶ 墙砖施工常见质量问题

（1）墙面砖在施工完毕后，在使用过程中出现空鼓和脱壳等问题。首先要对粘贴好的面砖进行检查，如发现有空鼓和脱壳时，应查明空鼓和脱壳的范围，画好周边线，用切割机沿线割开，然后将空鼓和脱壳的面砖和黏结层清理干净，而后用与原有面层料相同的材料进行铺贴，要注意铺黏结层时要先刮墙面、后刮面砖背面，随即将面砖贴上，要保持面砖的横竖缝与原有面砖相同、相平，经检查合格后勾缝。

（2）铺好的墙面砖受到污染，造成"花面"。对于墙面砖污染的处理，一般采用化学溶剂进行清洗。采用酸洗的方法虽然对除掉污垢比较有效，但其副作用也比较明显，应尽量避免。如盐酸不仅会溶解泛白物，而且对砂浆和勾缝材料也有腐蚀作用，会造成表面水泥硬膜剥落，光滑的勾缝面会被腐蚀成粗糙面，甚至会露出砂粒。

（3）墙面砖在粘贴完毕后，砖与砖和缝与缝之间的颜色深浅不同，使得墙面颜色不均匀，影响了装饰效果。在粘贴前，一定要选择同产地、同规格、同颜色、同炉号的墙面砖产品。粘贴时，要确保勾缝质量，保证勾缝宽窄一致、深浅相同，不得采用水泥净浆进行勾缝，应采用专用的勾缝材料。

（4）施工时为了节省成本，用非整砖随意拼凑粘贴。如果非整砖的拼凑过多，会直接影响到装饰效果和观感质量，尤其是门窗口处，易造成门口、窗口弯曲不直，给人以琐碎之感。粘贴前应预先排砖，使得拼缝均匀。在同一面墙上横竖排列，不得有一行以上的非整砖，且非整砖的排列应放在次要部位。

（5）使用一段时期后，墙面砖开始开裂、变色。由于瓷砖的质量不好，材质疏松及吸水率大，其抗压、抗拉、抗折性能均相应的下降。在冻融转换、干缩的作用下，产生内应力作用而开裂，裂纹的形状有单块条裂和几块通缝裂、冰炸纹裂等多种，严重影响了美观性和使用性；在粘贴前泡水时，瓷砖没有泡透或粘贴时砂浆中的浆水从瓷砖背面渗入砖体内，并从面层上反映出来，造成瓷砖变色，影响了装饰效果。应选用材质密实、吸水率小、质地较好的瓷砖。在泡水时一定要泡至不冒气泡为准，且不少于 2h。在操作时不要大力敲击砖面，防止产生隐伤，并随时将砖面上的砂浆擦拭干净。

❷ 墙面抹灰施工质量快速验收表

检验标准	是否符合
陶瓷墙砖的品种、规格、颜色和性能应符合设计要求	是　否
陶瓷墙砖粘贴必须牢固	是　否
满粘法施工的陶瓷墙砖工程应无空鼓、裂缝	是　否
陶瓷墙砖表面应平整、洁净，色泽一致，无裂痕和缺损	是　否

检验标准	是否符合
阴阳角处搭接方式、非整砖的使用部位应符合设计要求	是 否
墙面突出物周围的陶瓷墙砖应整砖套割吻合，边缘应整齐。墙裙、贴脸突出墙面的厚度应一致	是 否
陶瓷墙砖接缝应平直、光滑，填嵌应连续、密实；宽度和深度应符合要求	是 否

③ 马赛克施工质量快速验收表

检验标准	是否符合
马赛克的品种、规格、颜色和性能应符合设计要求	是 否
马赛克粘贴必须牢固	是 否
满粘法施工的马赛克工程应无空鼓、裂缝	是 否
马赛克表面应平整、洁净，色泽一致，无裂痕和缺损	是 否
阴阳角处搭接方式、非整砖使用部位应符合要求	是 否

七、乳胶漆与油漆的质量验收

乳胶漆与油漆更重要的是在施工过程中的验收，方便及时进行处理和补救。

① 乳胶漆施工应注意的质量问题

（1）透底：产生原因是漆膜薄，因此刷乳胶漆时除应注意不漏刷外，还应保持乳胶漆的黏稠度，不可加水过多。

（2）接槎明显：涂刷时要上下刷顺，后一排笔紧接前一排笔，若间隔时间稍长，就容易看出明显接槎，因此大面积涂刷时，应配足人员，互相衔接。

（3）刷纹明显：乳胶漆黏度要适中，排笔蘸量要适当，多理多顺，防止刷纹过大。

（4）分色线不齐：施工前应认真划好粉线，刷分色线时要靠放直尺，用力均匀，起落要轻，排笔蘸量要适当，从左向右刷。

▲ 乳胶漆施工问题

（5）涂刷带颜色的乳胶漆时，配料要合适，保证独立面每遍用同一批乳胶漆，并宜一次用完，保证颜色一致。

② 乳胶漆施工质量快速验收表

检验标准	是否符合	
所用乳胶漆的品种、型号和性能应符合设计要求	是	否
墙面涂刷的颜色、图案应符合设计要求	是	否
墙面应涂饰均匀、黏结牢固，不得漏涂、透底、起皮和掉粉	是	否
基层处理应符合要求	是	否
表面颜色应均匀一致	是	否
不允许或允许少量轻微出现泛碱、咬色等质量缺陷	是	否
不允许或允许少量轻微出现流坠、疙瘩等质量缺陷	是	否
不允许或允许少量轻微出现砂眼、刷纹等质量缺陷	是	否

③ 油漆工程常见质量问题

（1）色泽不均匀是油漆施工中较常见的质量问题，通常情况下发生在上底色、涂色漆及刮色腻子的过程中，严重影响了装饰效果。在油漆施工过程中，应将基层处理干净。腻子应水分少而油性多，腻子配制的颜色应由浅到深，着色腻子应一次性配成，不得任意加色。另外，涂刷完毕的饰面，要加强保护，要防止水状物质接触饰面，其他油渍、污渍等更加不允许。

（2）在垂直饰面的表面或凹凸饰面的表面，容易发生流坠现象。轻者如水珠状，重者如帐幕下垂，用手摸有明显的凸出感，严重影响了装饰效果。在油漆刚产生流坠时，可立即用油漆刷子轻轻地将流淌的痕迹刷平。如果是黏度较大的油漆，可用干净的油漆刷子蘸松节油在流坠的部位刷一遍，以使流坠部分重新溶解，然后用油漆刷子将流坠推开拉平。如果漆膜已经干燥，对于轻微的流坠可用细砂纸将流坠打磨平整。而对于大面积的流坠，可用水砂纸打磨，在修补腻子后再满涂一遍即可。

（3）施工后发现漆膜中的颗粒较多，表面较粗糙。当漆膜出现颗粒且表面粗糙后，可用细水砂纸蘸着温肥皂水，仔细将颗粒打平、磨滑、抹干水分、擦净灰尘，然后重新再涂刷一遍。对于高级装修的饰面可用水砂纸打磨平整后上光蜡使表面光亮，以此遮盖漆膜表面粗糙的缺陷。

（4）在施工完成一段时间后，漆膜发生开裂。漆膜开裂是一种老化现象，原因是油漆长时间受到氧化作用，使漆膜失去弹性、增加了脆性，而导致开裂。对于轻度的漆膜开裂，可用水砂纸打磨平整后重新涂刷；而对于严重的漆膜开裂，则应全部铲除后重新涂刷。对于聚氨酯漆面的开裂，可用 300 号水砂纸在表面进行打磨，然后用聚氨酯漆涂刷 4 遍。在常温情况下，每遍的间隔时间为 1h 左右。待放置 3 天后，再进行水磨、抛光、上蜡的处理。

④ 木材表面涂饰施工质量验收表

检验标准	是否符合
木材表面涂饰工程所用涂料的品种、型号和性能应符合要求	是　否
木材表面涂饰工程的颜色、图案应符合要求	是　否
木材表面涂饰工程应涂饰均匀、黏结牢固，不得漏涂、透底、起皮和掉粉	是　否
木材表面涂饰工程的表面颜色应均匀一致	是　否
木材表面涂饰工程的光泽度与光滑度应符合设计要求	是　否
木材表面涂饰工程中不允许出现流坠、疙瘩、刷纹等的质量缺陷	是　否
木材表面涂饰工程的装饰线、分色直线度的尺寸偏差不得大于1mm	是　否

八、壁纸与软包的质量验收

壁纸与软包的质量验收的重点更多地在于外表面和粘结部分的施工。

① 壁纸施工常见质量问题

（1）由于塑料壁纸遇水后会自由膨胀，如果在施工前没有进行润纸处理，在粘贴时，壁纸会吸湿膨胀、出现气泡、褶皱等质量问题，既影响装饰效果，又影响使用功能。

（2）壁纸施工完毕后，壁纸接缝不垂直；或者接缝虽然垂直，但花纹不与纸边平行而造成花纹不垂直。如果壁纸接缝或花纹的垂直度有较小的偏差，为了节约成本，可忽略不计；如果壁纸接缝或花纹的垂直度有较大的偏差，则必须将壁纸全部撕掉，重新粘贴施工，但施工前一定要把基层处理干净。

（3）在使用一段时间后，发现相邻的两幅壁纸间的间隙较大。如果相邻的两幅壁纸间的离缝距离较小时，可用与壁纸颜色相同的乳胶漆点描在缝隙内，漆膜干燥后一般不易显露；如相邻的两幅壁纸间的离缝距离较大时，可用相同的壁纸进行补救，但不允许显出补救痕迹。

（4）在壁纸粘贴后，表面上有明显的褶皱及棱脊凸起的死褶，且凸起的部分无法与基层黏结牢固，影响了装饰效果。如是在壁纸刚刚粘贴完时就发现有死褶，且胶粘剂未干燥，这时可将壁纸揭下来重新进行裱糊；如胶粘剂已经干透，则需要撕掉壁纸，重新进行粘贴，但施工前一定要把基层处理干净。

（5）由于发泡壁纸的表面具有凹凸型花纹，如果使用钢皮刮板推压，极易将壁纸的凹凸花纹刮平，影响了装饰效果。在裱糊发泡壁纸时，应先用手将壁纸舒展平整后，用橡胶刮板赶压且要用力均匀。

② 壁纸裱糊施工质量快速验收表

检验标准	是否符合
壁纸的种类、规格、图案、颜色和燃烧性能等级必须符合要求	是　否
壁纸应粘贴牢固，不得有漏贴、补贴、脱层、空鼓和翘边	是　否
裱糊后各幅拼接应横平竖直，拼接处花纹、图案应吻合、不离缝、不搭接，且拼缝不明显	是　否

检验标准	是否符合
裱糊后壁纸表面应平整，色泽应一致，不得有波纹起伏、气泡、裂缝、褶皱和污点，且斜视应无胶痕	是　否
复合压花壁纸的压痕及发泡壁纸的发泡层应无损坏	是　否
壁纸与各种装饰线、设备线盒等应交接严密	是　否
壁纸边缘应平直整齐，不得有纸毛、飞刺	是　否
壁纸的阴角处搭接应顺光，阳角处应无接缝	是　否

❸ 软包施工常见质量问题

（1）当基层不平或有鼓包时，会造成软包面不平而影响美观；当基层没有做防潮处理时，就会造成基层板变形或软包面发霉，影响装饰效果。另外，还要利用涂刷清油或防腐涂料对基层进行防腐处理，同样要达到设计要求。

（2）由于软包饰面的接缝或边缘处胶粘剂的涂刷过少，导致了胶粘剂干燥后出现翘边、翘缝的现象，既影响装饰效果，又影响使用功能。在软包施工时，胶粘剂应涂刷满刷且均匀，在接缝或边缘处可适当多刷些胶粘剂。胶粘剂涂刷后，应赶平压实，多余的胶粘剂应及时清除。

❹ 软包施工质量快速验收表

检验标准	是否符合
软包面料、内衬材料及边框的材质、图案、颜色、燃烧性能等级和木材的含水率必须符合要求	是　否
软包工程的安装位置及构造做法应符合要求	是　否
软包工程的龙骨、衬板、边框应安装牢固，无翘曲，拼缝应平直	是　否

检验标准	是否符合
单块软包面料不应有接缝，四周应绷压严密	是　否
软包工程表面应平整、洁净，无凹凸不平及褶皱；图案应清晰、无色差，整体应协调美观	是　否
软包边框应平整、顺直、接缝吻合。其表面涂饰质量应符合涂饰工程的有关规定	是　否
清漆涂饰木制边框的颜色、木纹应协调一致	是　否

九、吊顶施工质量验收

吊顶的施工中材料必须进行防火等处理，严格按照防火等规范施工，防止意外的发生。

❶ 吊顶工程常见质量问题

（1）吊顶时没对龙骨做防火、防锈处理。如果一旦出现火情，火是向上燃烧的，那么吊顶部位会直接接触到火焰，因此如果木龙骨不进行防火处理，造成的后果不堪设想；由于吊顶属于封闭或半封闭的空间，通风性较差且不易干燥，如果轻钢龙骨没有进行防锈处理，很容易生锈，影响使用寿命，严重的可能导致吊顶坍塌。所以，在施工中应按要求对木龙骨进行防火处理，并要符合有关防火规定；对于轻钢龙骨，在施工中也要按要求对其进行防锈处理，并符合相关防锈规定。

（2）吊顶的吊杆布置不合理。如果由于吊杆间距的布置不合理，造成间距过大；或者在与设备相遇时，取消吊杆，造成受力不均匀。这种施工很容易出现吊顶变形甚至坍塌，存在严重的安全隐患。所以，在布置吊杆时，应按设计要求弹线，确定吊杆的位置，其间距不应大于1.2m。且吊杆不能与其他设备的吊杆混用，当吊杆与其他设备相遇时，应视情况酌情调整并增加吊杆数量。

（3）吊顶不顺直。轻钢龙骨吊顶的龙骨在安装好后，主龙骨和次龙骨在纵横方向上存在着不顺直、有扭曲的现象。如果吊顶不顺直等质量问题较严重，就一定要拆除返工。如果情况不是十分严重，则可利用吊杆或吊筋螺栓调整龙骨的拱度，或者对于膨胀螺栓或射钉的松动、脱焊等造成的不顺直，采取补钉、补焊的措施。

（4）木龙骨安装好后，其下表面的拱度不均匀，个别处呈现波浪形。如果木龙骨吊顶龙骨的拱度不均匀，可利用吊杆或吊筋螺栓的松紧调整龙骨的拱度。如果吊杆被钉劈裂而使节点松动，必须将劈裂的吊杆更换。如果吊顶龙骨的接头有硬弯时，应将硬弯处的夹板起掉，调整后再钉牢。

（5）石膏板吊顶的拼接处不平整。在施工中没有对主、次龙骨进行调整，或固定螺栓的排列顺序不正确，多点同时固定，造成了在拼接缝处的不平整、不严密及错位等现象，从而影响装饰效果。所以，在安装主龙骨后，应及时检查其是否平整，然后边安装边调试，一定要满足板面的平整要求；在用螺栓固定时，其正确顺序应从板的中间向四周固定，不得多点同时作业。

（6）吊平顶施工完毕后，发现吊顶表面起伏不平。吊平顶要求安装牢固、不松动、表面平整，因此在吊平顶封板前，必须对吊点、吊杆、龙骨的安装进行检查，凡发现吊点松动，吊杆弯曲，吊杆歪斜，龙骨松动、不平整等情况的应督促施工人员进行调整。如果吊平顶内敷设电气管线、给排水、空调管线等时，必须待其安装完毕、调试符合要求后再封罩面板，以免施工踩坏平顶而影响平顶的平整度。罩面板安装后应检查其是否平整，一般以观察、手试方法检查，必要时可拉线、尺量检查其平整情况。

❷ 吊顶施工质量快速验收表

检验标准	是否符合
吊顶的标高、尺寸、起拱和造型是否符合设计的要求	是 否
饰面材料的材质、品种、规格、图案和颜色应符合设计要求。当饰面材料为玻璃板时，应使用安全玻璃或采取可靠的安全措施	是 否
饰面材料的安装应稳固严密。饰面材料与龙骨的搭接宽度应大于龙骨受力面宽度的 2/3	是 否
吊杆、龙骨的材质、规格、安装间距及连接方式应符合设计要求。金属吊杆、龙骨应进行表面防腐处理；木龙骨应进行防腐、防火处理	是 否
明龙骨吊顶工程的吊杆和龙骨安装必须牢固	是 否

续表

检验标准	是否符合
暗龙骨吊顶工程的吊杆、龙骨和饰面材料的安装必须牢固	是 否
石膏板的接缝应按其施工工艺标准进行板缝防裂处理。安装双层石膏板时，面板层与基层板的接缝应错开，且不得在同一根龙骨上接缝	是 否
饰面材料表面应洁净、色泽一致，不得有曲翘、裂缝及缺损。饰面板与明龙骨的搭接应平整、吻合，压条应平直、宽窄一致	是 否
饰面板上的灯具、烟感器、喷淋等设备的位置应合理、美观，与饰面板的交接应严密吻合	是 否
金属龙骨的接缝应平整、吻合、颜色一致，不得有划伤、擦伤等表面缺陷	是 否
木质龙骨应平整、顺直、无劈裂	是 否
吊顶内填充吸声材料的品种和铺设厚度应符合设计要求，且应有防散落措施	是 否

十、地面铺装质量验收

地面铺装质量在家居环境中尤为重要，平整且脚感舒适的地面让家居环境更加舒适。

❶ 地面铺砖常见质量问题

（1）人走在地面砖上时有空鼓声或出现部分地面砖松动的质量问题。地面砖空鼓或松动的质量问题处理方法较简单，用小木锤或橡皮锤逐一敲击检查，发现空鼓或松动的地面砖做好标记，然后逐一将地面砖掀开，去掉原有结合层的砂浆并清理干净，用水冲洗后晾干；刷一道水泥砂浆，按设计的厚度刮平并控制好均匀度，而后将地面砖的背面残留砂浆刮除，洗净并浸水晾干，再刮一层胶粘剂，压实拍平即可。

（2）由于季节的变化，尤其在夏季和冬季，温差变化较大，地面砖在这个时期容易出现爆裂或起拱的质量问题。可将爆裂或起拱的地面砖掀起，沿已裂缝的找平层拉线，用切割机切缝，缝宽控制在 10~15mm，而后灌柔性密封胶。结合层可用干硬性水泥砂浆铺刮平整铺贴地面砖，也可用建筑装饰胶粘剂。铺贴地面砖要准确对缝，将地面砖的缝留在锯割的伸缩缝上，缝宽控制在 10mm 左右。

（3）人走在马赛克上时有空鼓声与脱落的质量问题。发现有局部的脱落现象，应将脱落的马赛克揭开，用小型快口的凿子将黏结层凿低 3mm，用建筑装饰胶粘剂补贴并加强养护即可。当有大面积的脱落时，必须按照施工工艺标准重新返工。

（4）卫生间地面铺砖前，应检查楼层上地漏接口是否安装好防水托盘并低于地面建筑标高 20mm；坐便器和浴缸在楼板上的预留排水口是否高出地面建筑标高 10mm；地面防水层完工后其蓄水实验、地漏泛水、防水层四周贴墙翻边高度等是否检验合格。

（5）混凝土地面应将基层凿毛，凿毛深度 5~10mm，凿毛痕的间距为 30mm 左右。清净浮灰、砂浆、油渍，将地面洒水刷扫，或用掺 108 胶的水泥砂浆拉毛。抹底子灰后，底层六七成干时，进行排砖弹线。

（6）地面基层必须处理合格。基层湿水可提前 1 天实施。铺贴陶瓷地面砖前，应先将陶瓷地面砖浸泡 2h 以上，以砖体不冒泡为准，取出晾干待用，以免影响其凝结硬化，发生空鼓、起壳等问题。

（7）如果非整砖的拼凑过多，会直接影响到装饰效果和观感质量，尤其是门窗口处，易造成门口、窗口弯曲不直，给人以琐碎的感觉。粘贴前应预先排砖，使得拼缝均匀。在同一面墙上横竖排列，不得有一上一下的非整砖，且非整砖的排列应放在次要部位。

❷ 陶瓷地面砖施工质量快速验收表

检验标准	是否符合
面层所用的板块的品种、质量必须符合设计要求	是　否
面层与下一层的结合（黏结）应牢固，无空鼓	是　否
砖面层的表面应洁净、图案清晰、色泽一致、接缝平整、深浅一致、周边直顺。板块无裂纹、掉角和缺棱等缺陷	是　否

续表

检验标准	是否符合
面层邻接处的镶边用料及尺寸应符合设计要求，边角整齐且光滑	是　否
踢脚线表面应洁净、高度一致、结合牢固、出墙厚度一致	是　否
楼梯踏步和台阶板块的缝隙宽度应一致、齿角整齐。楼段相邻踏步高度差不应大于10mm，且防滑条应顺直	是　否
面层表面的坡度应符合设计要求，不倒泛水、无积水，与地漏、管道结合处应严密牢固，无渗漏	是　否

③ 石材地面施工质量快速验收表

检验标准	是否符合
大理石、花岗岩面层所用板块的品种、质量应符合设计要求	是　否
面层与下一层的结合（黏结）应牢固，无空鼓	是　否
大理石、花岗岩面层的表面应洁净、图案清晰、色泽一致、接缝平整、深浅一致、周边直顺。板块无裂纹、掉角和缺棱等缺陷	是　否
踢脚线表面应洁净、高度一致、结合牢固、出墙厚度一致	是　否
楼梯踏步和台阶板块的缝隙宽度应一致、齿角整齐。楼段相邻踏步高度差不应大于10mm，且防滑条应顺直、牢固	是　否
面层表面的坡度应符合设计要求，不倒泛水、无积水，与地漏、管道结合处应严密牢固，无渗漏	是　否

十一、地板铺设质量验收

地板的铺设质量要从材料到工艺都要严格把控。

❶ 地板铺设应注意的质量问题

（1）材质不符合要求。一定要把住地板配套系列材质的入场关，必须符合现行国家标准和规范的规定。要有产品出厂合格证，必要时要做复试。大面积施工前应进行试铺工作。

（2）面层高低不平。要严格控制好楼地面面层标高，尤其是房间与门口、走道和不同颜色、不同材料之间交接处的标高能交圈对口。

（3）交叉施工相互影响。在整个活动地板铺设过程中，要抓好以下两个关键环节和工序：一是当第二道操作工艺完成（即把基层弹好方格网）后，应及时插入铺设活动地板下的电缆、管线工作。这样既避免不必要的返工，同时又保证支架不被碰撞造成松动。二是当第三道操作工艺完成后，第四道操作工艺开始铺设地板面层之前，一定要检查面层下铺设的电线、管线，确保无误后，再铺设地板面层，以避免不必要的返工。

（4）缝隙不均匀。要注意面层缝格排列整齐，特别要注意不同颜色的电线、管线沟槽处面层的平直对称排列和缝隙应均匀一致。

（5）表面不洁净。要重视对已铺设好的面层调整板块水平度和表面的清洁工作，确保表面平整洁净，色泽一致，周边顺直。

❷ 实木地板铺设质量快速验收表

检验标准	是否符合
实木地板面层所采用的材质和铺设时的木材含水率必须符合要求	是　否
木地板面层所采用的条材和块材，其技术等级及质量要求应符合要求	是　否
木格栅、垫木和毛地板等必须做防腐、防蛀处理	是　否
木格栅安装应牢固、平直	是　否
面层铺设应牢固、黏结无空鼓	是　否

续表

检验标准	是否符合
实木地板的面层是非免刨免漆产品，应刨平、磨光，无明显刨痕和毛刺等现象。实木地板的面层图案应清晰、颜色均匀一致	是　否
面层缝隙应严密、接缝位置应错开、表面要洁净	是　否
拼花地板的接缝应对齐、粘钉严密。缝隙宽度应均匀一致。表面洁净、无溢胶	是　否

❸ 复合地板铺设质量快速验收表

检验标准	是否符合
强化复合地板面层所采用的材料，其技术等级及质量要求应符合要求	是　否
面层铺设应牢固、黏结无空鼓	是　否
强化复合地板面层的颜色和图案应符合设计要求。图案应清晰、颜色应均匀一致、板面无翘曲	是　否
面层接头应错开、缝隙要严密、表面要洁净	是　否
踢脚线表面应光滑、接缝严密、高度一致	是　否

十二、门窗安装质量验收

门窗是客人进入空间第一眼所看到的事物，代表着门面，质量较差且安装后有明显瑕疵的门窗会给人不好的第一印象。

1 门窗工程常见质量问题

（1）如果没有在铝合金推拉窗的下框槽口设置排水孔或设置的位置不合理，容易造成下雨时槽内存水无法排出，水满后溢出损坏窗下墙的装饰层。因此，应按要求在铝合金推拉窗的下框槽口内开设一个 6mm×50mm 的长方形排水孔，并应留有排水通道。

（2）由于塑料门窗型材的材质较脆且是中空多腔，内设的增强型钢在转角处没有经过焊接，其整体刚度较差，如果在运输及装卸过程中野蛮作业，很容易造成门窗变形、表面损伤或型材断裂。在运输塑料门窗时，应竖直排放并固定牢固，以防止在运输过程中颠震损坏。门窗之间应用非金属软质材料隔开，五金配件的位置也应相互错开，以免发生碰撞、挤压，造成损坏。在装卸塑料门窗时，应轻拿轻放，不得用丢、摔、甩等野蛮的方式进行作业。

（3）如果直接用钉子钉入墙体内固定塑料门窗与墙体的固定片，经过长时间的使用后钉子会发生锈蚀、松动，导致门窗的连接受到破坏，严重的会影响到使用的安全性。如果与塑料门窗相连接的是混凝土墙体，可采用射钉或塑料膨胀螺钉固定；如果与塑料门窗相连接的是砖墙或轻质隔墙，则应在砌筑时预先埋入预制的混凝土块，然后再用射钉或塑料膨胀螺钉固定。

（4）钢门窗的框在使用过程中发生弯曲变形，导致门窗关闭不严密，严重的可使门窗关不上或开不开，影响使用。如果发现钢门窗发生变形，应根据变形的实际情况进行适当处理。情况较轻者，可用氧气等加热烘烤的方法进行局部矫正；如果情况较严重，则需要拆除重新安装。

（5）钢门窗与墙体之间的连接松动，从而出现了门窗摇晃、不垂直、不平整或渗水等问题。对于门窗摇晃、不垂直、不平整等问题，应拆除连接固定点进行纠正处理，然后将框上的铁脚和两侧及框下的铁脚预埋件焊牢；对于渗水问题应用 1:2.5 的水泥砂浆分层填嵌钢门窗与墙体之间的缝隙，并浇水养护 7 天以上。

（6）钢门窗拥有很多优点，但最大的缺点就是钢门窗在使用一段时间后容易产生锈蚀，不仅影响装饰效果，也影响使用功能。要想增加钢门窗的使用时效，在购买时就要注意一定要购买正规厂家生产的钢门窗，而且要了解生产厂家是否具有酸洗磷化和喷涂防锈涂料的设备。防锈涂料的厚薄要均匀，不得有明显的堆涂、漏涂等质量缺陷。

（7）铝合金门窗在安装完毕后，发现门窗口不垂直，或有倾斜。不但影响装饰效果，而且还会影响门窗的开启和关闭的使用灵活性。如果发现铝合金门窗不垂直或有倾斜的现象不是很严重，则可以忽略；若问题较严重，影响使用功能，则应拆除锚固板，将门窗框重新校正后再进行固定。

（8）铝合金推拉门窗在使用一段时间后，门窗在推拉时会有卡死或卡阻现象，严重的还会出现脱轨或掉落。如果发现门窗在推拉时有卡死或卡阻现象必须及时纠正。其原因是门窗发生变形，若是因为用料偏小、强度不足或刚度不够等情况致使门窗推拉不灵活，则必须拆除后重新安装。

（9）有些施工人员在塑料门窗施工完毕后，过早撕掉了门窗上的保护膜，使门窗出现划痕、碰撞、污染等缺陷。相反如果撕掉保护膜的时间较晚，则很容易导致保护膜老化，撕掉有困难。塑料门窗保护膜撕掉的时间应适宜，要确保在没有污染源的情况下撕掉保护膜。一般情况下，塑料门窗的保护膜自出厂至安装完毕撕掉保护膜的时间不得超过 6 个月。如果出现保护膜老化的问题，应先用 15% 的双氧水溶液均匀地涂刷一遍，再用 10% 的氢氧化钠水溶液进行擦洗，至此保护膜可顺利地撕掉。

❷ 木门窗安装常见质量问题

（1）门窗扇与框缝隙大。主要原因是安装时刨修不准及门窗框与地面不垂直，可将门窗扇卸下刨修至与框吻合后重新安装，如果门窗框不垂直，应在框板内垫片找直。

（2）五金件安装质量差。原因是平开门的合页没上正，导致门窗扇与框套不平整。可将每个合页先拧下一个螺钉，然后调整门窗扇与框的平整度，调整修理无误后再拧紧全部螺钉。如合页螺钉短、螺钉一次钉入或不正，都会导致门窗扇安装不牢，修理时应更换合适的螺钉。上螺钉时必须平直，螺钉应先钉入全长的 1/3，然后拧入其余 2/3，严禁一次钉入或倾斜拧入。

（3）门扇开关不顺利。主要原因是锁具安装有问题，应将锁舌板卸下，用凿子修理舌槽，调整门框锁舌口位置后再安装上锁舌板。

（4）推拉门窗滑动时拧劲。一般是上、下轨道或轨槽的中心线未在同一铅垂面内所致。应通过调整轨道位置，使上、下轨道或轨槽的中心线铅垂对准。

❸ 塑钢门窗安装质量快速验收表

检验标准	是否符合
塑钢门窗的品种、类型、规格、开启方向、安装位置、连接方法及填嵌密封处理应符合要求。内衬增强型钢的壁厚及设置应符合质量要求	是　否
塑钢门窗框的安装必须牢固。固定片或膨胀螺栓的数量与位置应正确，连接方式应符合要求。固定点应距穿角、中横框、中竖框 150~200mm，固定点间距应不大于 600mm	是　否
塑钢门窗拼樘料内衬增强型钢的规格、壁厚必须符合要求，型钢应与型材内腔紧密吻合，其两端必须与洞口固定牢固。窗框必须与拼樘料连接紧密，固定点间距不应大于 600mm	是　否

检验标准	是否符合
塑钢门窗扇应开关灵活、关闭严密，无倒翘。推拉门窗扇必须有防脱落措施	是 否
塑钢门窗配件的型号、规格、数量应符合设计要求，安装应牢固，位置应正确，功能应满足使用要求	是 否
塑钢门窗框与墙体间缝隙应采用闭孔弹性材料填嵌饱满，表面应采用密封胶密封。密封胶应黏结牢固，表面应光滑、顺直、无裂纹	是 否
塑钢门窗表面应洁净、平整、光滑、大面应无划痕、碰伤	是 否
塑钢门窗扇的密封条不得脱槽、旋转窗间隙应基本均匀	是 否
平开门窗扇应开关灵活，平铰链的开关力应不大于80N；滑撑铰链的开关力应不大于80N，并不小于30N；推拉门窗扇的开关力应不大于100N	是 否

④ 木门窗安装质量快速验收表

检验标准	是否符合
木门窗的品种、类型、规格、开启方向、安装位置及连接方法应符合要求	是 否
门窗框的安装必须牢固。预埋木砖的防腐处理、木门窗框固定点的数量、位置及固定方法应符合要求	是 否
木门窗扇必须安装牢固，并应开关灵活、关闭严密无倒翘	是 否
木门窗配件的型号、规格、数量应符合设计要求，安装应牢固、位置应正确，功能应满足使用要求	是 否
木门窗与墙体间缝隙的填嵌材料应符合设计要求，填嵌应饱满。寒冷地区外门窗（或门窗框）与砌体间的空隙应填充保温材料	是 否

⑤ 铝合金门窗安装质量快速验收表

检验标准	是否符合
铝合金门窗的品种、类型、规格、开启方向、安装位置、连接方法及铝合金门窗的型材壁厚应符合设计要求。铝合金门窗的防腐处理及填嵌、密封处理应符合要求	是　否
铝合金门窗框的安装必须牢固。预埋件的数量、位置、埋设方式、与框的连接方式应符合要求	是　否
铝合金门窗扇必须安装牢固，并应开关灵活、关闭严密无倒翘。推拉门窗扇必须有防脱落措施	是　否
铝合金门窗配件的型号、规格、数量应符合设计要求，安装应牢固、位置应正确，功能应满足使用要求	是　否
铝合金门窗表面应洁净、平整、光滑、色泽一致、无锈蚀。大面应无划痕、碰伤。漆膜或保护层应连续	是　否
铝合金门窗推拉门窗扇开关力应不大于100N	是　否
铝合金门窗框与墙体之间的缝隙应填嵌饱满，并采用密封胶密封。密封胶表面应光滑、顺直、无裂纹	是　否
门窗扇的橡胶密封条或毛毡密封条应安装完好，不得脱槽	是　否
有排水孔的铝合金门窗，排水孔应畅通，位置和数量应符合设计要求	是　否

十三、木作安装质量验收

木作安装主要包括木作成品家具的安装，其安装过程较为简单。

❶ 木窗帘盒、金属窗帘杆安装常见质量问题

（1）窗帘盒松动。主要是制作时榫眼松旷或同基体连接不牢固所致，如果是榫眼对

接不紧，应拆下窗帘盒，修理棒眼后重新安装。如果是同基体连接不牢固，应将螺钉进一步拧紧，或增加固定点。

（2）窗帘盒安装不平、不正。主要是找位、划尺寸线不认真，预埋件安装不准，调整处理不当。安装前做到划线正确，安装量尺必须使标高一致、中心线准确。

（3）窗帘盒两端伸出的长度不一致。主要是窗中心与窗帘盒中心相对不准，操作不认真所致。安装时应核对尺寸使两端长度相同。

（4）窗帘轨道脱落。多数由于盖板太薄或螺钉松动造成。一般盖板厚度不宜小于15mm；薄于15mm的盖板应用机螺钉固定窗帘轨。

（5）窗帘盒迎面板扭曲。加工时木材干燥不好，入场后存放受潮，安装时应及时刷油漆一遍。

② 窗帘盒（杆）安装质量快速验收表

检验标准	是否符合
窗帘盒（杆）施工所使用的材料的材质及规格、木材的燃烧性能等级和含水率、人造板材的甲醛含量应符合要求和国家规定	是　否
窗帘盒（杆）的造型、规格、尺寸、安装位置和固定方法必须符合要求。窗帘盒（杆）的安装必须牢固	是　否
窗帘盒（杆）配件的品种、规格应符合设计要求，安装应牢固	是　否
窗帘盒（杆）的表面应平整、洁净、线条顺直、接缝严密、色泽一致，不得有裂缝、翘曲及损坏	是　否

③ 橱柜及板式家具安装常见质量问题

（1）抹灰面与框不平，造成贴面板、压缝条不平：主要是因框不垂直，面层平度不一致或抹灰面不垂直。

（2）柜框安装不牢：预埋木砖安装时活动，固定点少，用钉固定时，要数量够，木砖埋牢固。

（3）合页不平、螺钉松动、螺母不平正、缺螺纹：主要原因，合页槽深浅不一，安装时螺钉打入太长。操作时螺钉打入长度1/3，拧入深度应2/3，不得倾斜。

（4）柜框与洞口尺寸误差过大，造成边框与侧墙、顶与上框间缝隙过大，注意结构施工留洞尺寸，严格检查确保洞口尺寸。

④ 橱柜安装质量快速验收表

检验标准	是否符合
厨房设备安装前的检验	是　否
吊柜的安装应根据不同的墙体采用不同的固定方法	是　否
底柜安装应先调整水平旋钮，保证各柜体台面、前脸均在一个水平面上，两柜连接使用木螺钉，后背板通管线、表、阀门等应在背板划线打孔	是　否
安装洗物柜底板下水孔处要加塑料圆垫，下水管连接处应保证不漏水、不渗水，不得使用各类胶粘剂连接接口部分	是　否
安装不锈钢水槽时，应保证水槽与台面连接缝隙均匀，不渗水	是　否
安装水龙头，要求安装牢固，上水连接不能出现渗水现象	是　否
抽油烟机的安装，要注意吊柜与抽油烟机罩的尺寸配合，应达到协调统一	是　否
安装灶台，不得出现漏气现象，安装后用肥皂沫检验是否安装完好	是　否

⑤ 木质板式家具质量快速验收表

检验标准	是否符合
材质以木芯板最佳，中密度板次之，刨花板最差。复合板用蜂窝纸心胶合，质量轻，不变形，但四周必须有结实的木方，否则无法固定连接件	是　否
用尺测量家具尺寸，查看是否准确，四角方正	是　否
板面是否光洁平滑，表面有无霉斑、划痕、毛边、边角缺损	是　否
查看家具拼接效果。拼接角度是否为直角，拼装是否严丝合缝，抽屉、门的开启是否灵活，关闭是否严实	是　否

检验标准	是否符合
拆装式家具在拼装前要检查连接件的质量，制作尺寸是否规矩、固定牢靠、结合紧密	是　否

十四、洁具安装质量验收

洁具的安装关系着空间内人们的生活质量，安装质量好的洁具会让人们的日常生活更加便利。

❶ 洁具安装应注意的质量问题

（1）蹲便器不平，左右倾斜。原因：安装时正面和两侧垫砖不牢，焦渣填充后没有检查，抹灰后不好修理，造成水箱与便器不对中。

（2）高、低水箱拉、扳把不灵活。原因：高、低水箱内部配件安装时，三个主要部件在水箱内位置不合理。高水箱进水、拉把应放在水箱同侧，以免使用时互相干扰。

（3）零件镀铬表面被破坏。原因：安装时使用管钳。应采用平面扳手或自制扳手。坐便器与背水箱中心没对正，弯管歪扭。原因：划线不对中，便器稳装不正或先稳背箱，后稳便器。

（4）坐便器周围离开地面。原因：下水管口预留过高，稳装前没修理。

（5）立式小便器距墙缝隙太大。原因：甩口尺寸不准确。

（6）洁具溢水失灵。原因：下水口无溢水眼。

（7）通水之前，将器具内污物清理干净，不得借通水之便将污物冲入下水管内，以免管道堵塞。

（8）严禁使用未经过滤的白灰粉代替白灰膏安装卫生设备，避免造成卫生设备胀裂。

❷ 洗手盆安装质量快速验收表

检验标准	是否符合
洗手盆安装施工要领：洗手盆产品应平整无损裂。排水栓应有不小于8mm直径的溢流孔	是　否

续表

检验标准	是否符合
排水栓与洗手盆连接时，排水栓溢流孔应尽量对准洗手盆溢流孔，以保证溢流部位畅通，镶接后排水栓上端面应低于洗手盆底	是　否
托架固定螺栓可采用不小于 6 mm 的镀锌开脚螺栓或镀锌金属膨胀螺栓（如墙体是多孔砖，则严禁使用膨胀螺栓）	是　否
洗手盆与排水管连接后应牢固密实，且便于拆卸，连接处不得敞口	是　否
洗手盆与墙面接触部应用硅膏嵌缝。如洗手盆排水存水弯和水龙头是镀铬产品，在安装时不得损坏镀层	是　否

③ 浴缸安装质量快速验收表

检验标准	是否符合
在安装裙板浴缸时，其裙板底部应紧贴地面，楼板在排水处应预留250~300 mm 洞孔，便于排水安装，在浴缸排水端部墙体设置检修孔	是　否
其他各类浴缸可根据有关标准或用户需求确定浴缸上平面高度	是　否
如浴缸侧边砌裙墙，应在浴缸排水处设置检修孔或在排水端部墙上开设检修孔。各种浴缸冷、热水龙头或混合龙头其高度应高出浴缸上平面150mm	是　否
安装时应不损坏镀铬层。镀铬罩与墙面应紧贴。固定式淋浴器、软管淋浴器其高度可按有关标准或按用户需求安装	是　否
浴缸安装上平面必须用水平尺校验平整，不得侧斜	是　否
浴缸上口侧边与墙面结合处应用密封膏填嵌密实	是　否
浴缸排水与排水管连接应牢固密实，且便于拆卸，连接处不得敞口	是　否

❹ 坐便器安装质量快速验收表

检验标准	是否符合
给水管安装角阀高度一般距地面至角阀中心为 250 mm，如安装连体坐便器应根据坐便器进水口离地高度而定，但不小于 100 mm，给水管角阀中心一般在污水管中心左侧 150 mm 或根据坐便器实际尺寸定位	是　否
带水箱及连体坐便器的水箱后背部离墙应不大于 20 mm。坐便器的安装应用不小于 6 mm 的镀锌膨胀螺栓固定，坐便器与螺母间应用软性垫片固定，污水管应露出地面 10 mm	是　否
冲水箱内溢水管高度应低于扳手孔 30~40 mm	是　否
安装时不得破坏防水层，已经破坏或没有防水层的，要先做好防水，并经 24h 积水渗漏试验	是　否

十五、开关、插座及灯具的安装质量验收

开关、插座及灯具的安装都与电路相关，其质量验收的重点在于用电是否安全。

❶ 开关、插座安装工程质量验收表

检验标准	是否符合
插座的接地保护线措施及火线与零线的连接位置必须符合规定	是　否
插座使用的漏电开关动作应灵敏可靠	是　否
开关、插座的安装位置正确。盒子内清洁，无杂物，表面清洁、不变形，盖板紧贴建筑物的表面	是　否
开关切断火线。插座的接地线应单独敷设	是　否
明开关，插座的底板和暗装开关、插座的面板并列安装时，开关、插座的高度差允许为 ±0.5mm；同一空间的高度差为 ±5mm	是　否

② 灯具安装工程质量验收表

检验标准	是否符合
灯具的固定应符合下列规定：①灯具重量大于3kg时，固定在螺栓或预埋吊钩上；②软线吊灯，灯重量在0.5kg及以下时，采用软电线自身吊装；大于0.5kg的灯具采用吊链，且软电线编叉在吊链内，使电线不受力；③灯具固定牢固可靠，不使用木楔。每个灯具固用螺钉或螺栓不少于2个；当绝缘台直径在75mm及以下时，采用1个螺钉或螺栓固定	是　否
花灯吊钩圆钢直径不应小于灯具挂销直径，且不应小于6mm。大型花灯的固定及悬吊装置，应按灯具重量的2倍做过载试验	是　否
当钢管做灯杆时，钢管内径不应小于10mm，钢管厚度不应小于1.5mm	是　否
灯具的安装高度和使用电压等级应符合下列规定：①一般敞开式灯具，灯头对地面距离不小于下列数值（采用安全电压时除外），室外：2.5mm（室外墙上安装）；室内：2m；软吊线带升降器的灯具在吊线展开后：0.8m；②危险性较大及特殊危险场所，当灯具距地面高度小于2.4m时，使用额定电压为36V及以下的照明灯具，或有专用保护措施	是　否